中国肉用型羊主导品种 及其应用展望

旭日干　主编

中国农业科学技术出版社

图书在版编目（CIP）数据

中国肉用型羊主导品种及其应用展望/旭日干主编. —北京：中国农业科学技术出版社，2016.11

ISBN 978-7-5116-2805-3

Ⅰ.①中… Ⅱ.①旭… Ⅲ.①肉用羊-品种-中国 Ⅳ.①S826.9

中国版本图书馆 CIP 数据核字（2016）第 256955 号

责任编辑　贺可香
责任校对　贾海霞

出 版 者　中国农业科学技术出版社
　　　　　北京市中关村南大街12号　　邮编：100081
电　　话　（010）82106638（编辑室）（010）82109702（发行部）
　　　　　（010）82109703（读者服务部）
传　　真　（010）82106650
网　　址　http://www.castp.cn
经　　销　各地新华书店
印　　刷　北京科信印刷有限公司
开　　本　710 mm×1 000 mm　1/16
印　　张　14.25
字　　数　380 千字
版　　次　2016年11月第1版　　2016年11月第1次印刷
定　　价　98.00元

《中国肉用型羊主导品种及其应用展望》编写人员

主　　编　旭日干
副 主 编　荣威恒　李秉龙　张子军
参编人员（按姓氏笔画排序）

王国春（朝阳市朝牧种畜场）

王金文（华中科技大学）

王建国（内蒙古大学）

王　锋（南京农业大学动物科技学院）

毛凤显（贵州省畜牧技术推广站）

左北瑶（新疆巴音郭楞蒙古自治州畜牧工作站）

旭日干（内蒙古大学生物系）

杜立新（中国农业科学院北京畜牧兽医研究所）

李发弟（兰州大学草地农业科技学院）

李秉龙（中国农业大学经济管理学院）

李　瑞（内蒙古草原金峰畜牧集团有限公司）

达　赖（内蒙古农牧业科学院）

余忠祥（青海省畜牧兽医科学院）

张子军（安徽农业大学动物科技学院）

张志刚（内蒙古自治区海拉尔农垦有限责任公司）

张英杰（河北农业大学动物科技学院）

张建新（山西农业大学动物科技学院）

邵庆勇（云南省畜牧兽医科学院）

何小龙（内蒙古农牧业科学院）

金　海（内蒙古农牧业科学院）

金海国（吉林省农业科学院）

周占琴（西北农林科技大学动物科技学院）

荣威恒（内蒙古农牧业科学院）

郝　耿（新疆畜牧科学院）

侯广田（新疆畜牧科学院）

姜勋平（华中农业大学）

徐刚毅（四川农业大学动物科技学院）

储明星（中国农业科学院北京畜牧兽医研究所）

廛洪武（内蒙古大学）

总　序

随着人们生活水平的提高和饮食观念的更新，日常肉食已向高蛋白、低脂肪的动物食品方向转变。羊肉因其瘦肉多、脂肪少、肉质鲜嫩、易消化、膻味小、胆固醇含量低等特点，现已成为颇受消费者欢迎的"绿色"产品。

目前，肉羊业产业最具有国际竞争力的国家为新西兰、澳大利亚和英国等发达国家，它们已建立了完善的肉羊繁育体系、产业化经营体系，并拥有自己的专用肉羊品种。这些国家的肉羊良种化程度和产业化技术水平都很高，占据着整个国际高档羊肉的主要市场。

我国肉羊产业发展飞快，短短五十年，已由一个存栏量只有4 000多万只的国家发展成为世界第一养羊大国。目前，我国绵羊、山羊品种资源丰富，存栏量近3亿只，各省、自治区、直辖市均有肉羊产业分布。养羊业不仅是边疆和少数民族地区农牧民赖以生存和这些地区经济发展的支柱产业，而且在农区发展势头更为迅猛。近年来，我国已先后引进许多国外优良肉用羊品种，对我国肉羊业发展起到了积极的推动作用。现如今，养羊业已成为转变农业发展方式、调整产业结构、促进农民增收的主要产业之一，在畜牧业乃至农业中占有重要地位。

但是，我国肉羊的规模化生产还处于刚刚起步阶段。从国内肉羊产业的总体情况来看，良种化程度低，尚未形成专门化的肉羊品种；养殖方式粗放，大多采用低投入、低产出、分散的落后生产经营方式；在饲养管理、屠宰加工、销售服务等环节还存在许多质量安全隐患；羊肉及其产品的深加工研究和开发力度不够，缺乏有影响、知名度高的羊肉产品；公益性的社会化服务体系供给严重不足。

2009年2月，国家现代肉羊产业技术体系建设正式启动，并制订出一系列的重大技术方案，旨在解决我国肉羊产业发展中的制约因素，提升我国养羊业的科技创新能力和产业化生产水平。

国家现代肉羊产业技术体系凝聚了国内肉羊育种与繁殖、饲料与营养、疫病防控、屠宰加工和产业经济最为优秀的专家和技术推广人员，我相信由他们编写的"国家现代肉羊产业技术体系系列丛书"的陆续出版，对我国肉羊养殖新技术的推广应用以及肉羊产业可持续发展，一定会起到积极的推动作用。

国家现代肉羊产业技术体系首席科学家
中国工程院院士

2010年4月12日

前　言

　　我国绵羊、山羊品种资源类型十分丰富，分布范围广泛，经数千年来的驯化、培养和选育，在不同的生态类型下形成了对当地自然环境适应性很强的品种和类群。据畜禽遗传资源调查，列入2011年出版的国家级品种遗传资源志的绵、山羊品种共有130个，其中绵羊品种64个，山羊品种66个。这些绵、山羊品种中除了部分肉用型品种外，更多的是毛用（细毛、半细毛和粗毛）、绒用、皮用（裘皮、羔皮和板皮）以及乳用等专门化的品种，表现出了各自的特点，满足了不同的社会需求。近年来，由于市场对羊毛、羊皮和羊肉产品的需求关系发生了变化，加上国家实施粮食安全战略，强调发展草牧业，明确了发展节粮型草食动物的产业政策，使得我国养羊业主要由毛用羊为主转向肉用羊为主，羊肉生产结构由成年羊肉转向羔羊肉，饲养方式从粗放式经营逐渐转向集约化、专业化经营，并得到了快速发展。目前肉羊产业已成为改善我国人民膳食结构、提高人民身体素质、增加农牧民生产经营收入、推动我国农业生产结构调整的朝阳产业。

　　优良品种是发展现代肉羊产业的基础，在提高羊业效益中处于核心和决定地位。为了更有效地保护和利用我国绵、山羊种质资源，更好地推动肉羊养殖业良种化进程，国家现代肉羊产业技术体系在全国范围内深入调查研究的基础上，对国内现有的肉用型绵、山羊品种和各类生产性杂交组合进行了全面评估，对这些品种的肉用生产性能、存栏规模和产业化价值做出了科学的评价。在此基础上编写了《中国肉用型羊主导品种及其应用展望》一书，以图文并茂的形式简要介绍了我国主要肉用型绵、山羊品种概况。本书把我国现有肉用型绵、山羊品种分为六大类，即国外引入肉羊良种（10个）、自主培育肉羊新品种（5个）、肉用型绵羊良种（13个）、肉用型山羊良种（15个）和肉用型特色品种（5个）以及产业化前景比较好的部分肉用型杂交组合（7个）。除努比亚山羊和南非肉用美利奴羊—甘肃高山细毛羊杂交组合外，其他品种都附有公羊、母羊及成年羊群体3张图片，并在品种概况、产地条件和分布、外貌特征、体重体尺、产肉性能、繁殖性能、应用概况等方面做了简要说明。

这是一部我们肉羊产业技术体系岗位专家、综合试验站专用的参考书，我们相信对肉羊养殖企业、养殖户及相关技术人员也会有所帮助的。

编　者

2015年11月

目 录

第一章　国外引入肉羊良种

第一节　杜泊绵羊

【品种概要】

杜泊绵羊（Dorper Sheep），原产地南非，以南非土种黑头波斯母羊作为母本，以引进英国有角道赛特羊作为父本杂交，经选择和培育而成的肉用绵羊品种。杜泊绵羊是非常优秀的肉用绵羊，根据头部毛色分为黑头杜泊和白头杜泊，除了头部颜色和有关的色素沉着不同，它们都携带相同的基因，具有相同的品种特点，黑头杜泊和白头杜泊都符合杜泊绵羊品种标准，是属于同一品种的两个类型（赵有璋，2013）。

白头杜泊（公羊）　　　　　黑头杜泊（公羊）

黑头杜泊（母羊群）

白头杜泊（母羊群体）

【产地条件】

南非位于南半球，地理位置是在非洲大陆的南部地区，地理区位是北纬23°～30°，东经113°左右。南非的地形以丘陵为主，并且大部分都是海拔在500m以上的地形。南非的气候属于典型的海洋性的气候类型，大部分属于热带草原气候，全年高温，夏季是湿季，冬季是干季。年均降水量仅有464mm，而且降水量的分布也极不平均，全国约有21%的地区降水量不足200mm，48%的地区降水量为200~600mm，仅有31%的地区降水量超过600mm。南非7月（冬季）日平均最低气温7℃，1~2月（夏季）平均最高气温26℃。年平均气温会在12~23℃，年均日照期从约翰内斯堡的265d过渡到德班的197d。

南非农业发展状况较好，从事农业的人口达165万，约占劳动力总量的10%。同时南非的畜牧业相当发达，商品性畜牧业规模较大，畜牧业产值已经超过了种植业。南非是非洲最大的养羊国，养羊业超过养牛业。养羊业以绵羊为主，所产羊毛90%以上供出口。

【外貌特征】

杜泊绵羊根据其头颈的颜色，分为白头杜泊和黑头杜泊两种。这两种羊体躯和四肢皆为白色，头顶部平直、长度适中，额宽，鼻梁微隆，无角或有小角根，耳小而平直。颈粗短，肩宽厚，背平直，肋骨拱圆，前胸丰满，后躯肌肉发达。四肢强健而长度适中，肢势端正。杜泊绵羊分长毛型和短毛型两个品系。长毛型羊生产地毯毛，较适应寒冷的气候条件；短毛型羊被毛较短（由发毛或绒毛组成），能较好地抗炎热和雨淋。在饲料蛋白质充足的情况下，杜泊羊不用剪毛，它的毛可以自由脱落（赵有璋，2013）。

【体重体尺】

杜泊绵羊体重体尺测定如表1-1所示。

表1-1　杜泊绵羊体重体尺测定表（曹斌云等，2006）

性别	年龄	体重（kg）	体高（cm）	体长（cm）	胸围（cm）
公羊	3月龄	35.6±2.1	51.2±1.4	61.3±1.9	75.2±1.2
	周岁	85.6±7.6	71.2±2.3	85.6±3.2	103.2±3.1
	2岁	120.0±10.3	74.5±2.3	90.2±3.5	115.2±2.3
母羊	3月龄	31.0±3.0	47.6±1.2	53.4±2.3	68.5±2.1
	周岁	70.3±6.5	63.6±2.2	76.3±2.8	87.2±2.4
	2岁	85.0±10.2	70.2±3.5	80.3±5.1	105.6±2.6

【产肉性能】

杜泊绵羊屠宰性能测定如表1-2所示。

表1-2　杜泊绵羊屠宰性能测定表

月龄	宰前活重（kg）	胴体重（kg）	屠宰率（%）	净肉率（%）	骨肉比
3～4	35	18	51	45	1:（4.9~5.1）

注：http://www.baike.com/wiki/杜泊羊

【繁殖性能】

根据年龄、营养状况及管理水平的不同，杜泊绵羊产羔率平均120%~150%，其中产单羔母羊占65%左右，产双羔母羊占30%左右，产三羔母羊占5%。公羊5~6月龄性成熟，母羊5月龄性成熟。母羊初次配种时间在8~10月龄，发情周期为17~19d，妊娠期平均148.6d。杜泊绵羊常年发情，多在8月至翌年4月，集中于8~12月，在良好的饲养管理条件下，可进行两年产三胎。

【应用状况】

杜泊绵羊自21世纪初引入中国以来，推广到中国各地的不同气候类型，都表现出良好适应性，耐热抗寒，耐粗饲，无论纯繁后代或改良后代，都表现出极好的生产性能与适应能力，特别是产肉性能，肉中脂肪分布均匀，为高品质胴体。

杜泊纯种羊的引进及选育主要以国内大型种羊场为主，如内蒙古的赛澳和赛诺种羊场、天津的奥群种羊场、山东东营种羊场以及辽宁的朝阳种羊场等。据初步统计，纯种杜泊羊（含白头和黑头品种）目前在国内的存栏不超过10 000只。

杜泊绵羊作为优秀的终端杂交父本，被广泛应用于国内不同地方品种的杂交生产。在以内蒙古自治区（以下简称内蒙古）、新疆维吾尔自治区（以下简称新疆）、甘肃、宁夏回族自治区（以下简称宁夏）等牧区为主的肉羊养殖区域，主要以地方品种蒙古羊为母本，以杜泊绵羊为父本进行杂交，生产肥羔羊，效益非常显著。其中"杜蒙羊"已经在内蒙古的四子王旗形成了最具规模化和产业化的杂交品种，被广大牧民普遍推广和应用，2014年总计生产杜蒙杂交羔羊20万只以上。而在中国广大的农区肉羊养殖区域，如山东、河南、河北、陕西以及东北地区，则主要以小尾寒羊为母本，以圈养舍饲为主要饲养模式，建立了"杜寒"杂交组合，充分利用母本的多胎性能，进行2年3产的杂交生产，再加以羔羊的集中育肥，使农区肉羊养殖达到了规模化和标准化的水平，养殖效益显著增加。另外，各地区也以不同的地方优良品种为母本，如湖羊、滩羊、细毛羊等，分别实施了以杜泊绵羊为父本的一元杂交或二元杂交生产应用，均取得了理想的效果（张勇等，2014；巴图等，2008）。

（廖洪武编写）

第二节 萨福克羊

【品种概要】

萨福克羊（Suffolk Sheep）原产于英国英格兰东南部的萨福克、诺福克、剑桥和艾塞克斯等地，现分布于北美、北欧、澳大利亚、新西兰、俄罗斯和中国等。该品种羊是以南丘羊为父本，当地体型较大、瘦肉率高的黑头有角诺福克羊为母本进行杂交培育，于1859年育成，属大型肉羊品种（张英杰，2015）。

萨福克羊（公羊）

萨福克羊（母羊）

萨福克羊（群体）

【产地条件】

英格兰东南部平原属海洋性温带阔叶林气候，一年四季温差不大，气候温和而湿润，冬无严寒，夏无酷暑，冬天气温最低-5℃，夏天一般也不超过30℃。年平均降水量约1 000mm，利于牧草生长。英格兰东南部平原也是主要耕作区，主要生产小麦、大麦、甜菜、马铃薯和蔬菜。

【外貌特征】

萨福克羊公、母羊均无角，体躯白色，头和四肢黑色，体质结实，结构匀称，鼻梁隆起，耳大，颈长而宽厚，鬐甲宽平，胸宽，背腰宽广平直，腹大紧凑，肋骨开张良好，四肢健壮，蹄质结实，体躯肌肉丰满，呈长桶状。前、后躯发达，长瘦尾。

【体重体尺】

萨福克羊体重体尺测定如表1-3所示。

表1-3　萨福克羊体重体尺测定表

性别	年龄	体重（kg）	体高（cm）	体长（cm）	胸围（cm）
	6月龄	53.1	62.1	74.3	92.0
公羊	周岁	95.5	73.3	84.0	110.1
	2岁	122.0	84.0	96.7	118.5
	6月龄	44.3	61.5	66.4	92.1
母羊	周岁	62.6	71.1	80.5	101.0
	2岁	80.2	72.4	84.2	106.2

【产肉性能】

萨福克羊屠宰性能测定如表1-4所示。

表1-4　萨福克羊屠宰性能测定表

性别	宰前活重（kg）	胴体重（kg）	屠宰率（%）	净肉率（%）	骨肉比
公羊	65.2	36.2	55.5	45.6	1∶4.6
母羊	56.8	31.3	55.1	45.2	1∶4.6

【繁殖性能】

萨福克羊初产母羊产羔率110%，经产母羊140%。公、母羊初情期均在6~7月龄。公羊初次配种时间为10~12月龄，母羊初次配种时间为8~10月龄。公羊平均每次射精量1.5ml以上，精子活力0.7以上。母羊发情周期17d，妊娠期150d。母羊常年发情，秋季较为集中。

【应用状况】

我国从20世纪70年代起先后从澳大利亚、新西兰等国引进，主要分布在新疆、内蒙古、北京、宁夏、吉林、河北和山西等省（自治区）。萨福克羊是目前世界上体格、体重最大的肉用品种，肉用体型突出，繁殖率、产肉率、日增重高，肉质好，广泛被引作发展肉羊生产的终端父本。但由于该品种羊的头和四肢为黑色，被毛中有黑色纤维，杂交后代杂色被毛个体多，因此，在细毛羊产区，不宜作为改良用。

根据唐道廉（1988）报道，内蒙古自治区用萨福克品种公羊与蒙古羊、细毛低代杂种羊进行杂交试验，在全年以放牧为主，冬、春季节稍加补饲的条件下，与母本蒙古羊和细毛低代杂种羊比较，萨福克羊杂种一代羔羊，生长发育快，产肉多，而且适合于牧区放牧肥育，经宰杀115只190日龄的萨福克一代杂种羯羔测定，宰前活重为37.25kg，胴体重为18.33kg，屠宰率为49.21%，净肉重为13.49kg，脂肪重为1.14kg，胴体净肉率为73.6%（赵有璋，2005）。

（张英杰编写）

第三节　无角道赛特羊

【品种概要】

无角道赛特羊（Polled Dorset）原产于大洋洲的澳大利亚和新西兰，是以雷兰羊和有角道赛特羊为母本，考力代羊为父本进行杂交，杂种羊再与有角道赛特公羊回交，然后选择所生的无角后代培育而成。无角道赛特羊具有早熟，生长发育快，全年发情和耐热及适应干燥气候等特点（张英杰，2015）。

无角道赛特羊（公羊）

无角道赛特羊（母羊）

无角道赛特羊（群体）

【产地条件】

澳大利亚位于南半球，地处太平洋西南部和印度洋之间，国土总面积768万km²，农用土地占国土面积的60%，人工草地3 000万hm²，天然草地4.12亿hm²。大部分地区气候干热，大陆性气候特征显著，沿海地带受海洋性气候影响较大。全境年降水量平均470mm，内陆干热和沙漠化。

新西兰位于太平洋西南部，由南岛、北岛和斯图尔特岛及其附近一些小岛组成，面积27.05万km²，境内山地、丘陵占总面积的3/4以上，平原狭小。山区多冰川和湖泊，西部多丘陵和高原，东部多为平原，属于温带阔叶林气候，雨量丰沛，年温差小，夏无酷暑，冬无严寒。最冷月气温大都在0℃以上，最热月平均气温各地都在20℃左右。常年西风带来大量雨水，南岛山地降水量为500～2 500mm，北岛一般为800～1 500mm（张英杰，2015）。

【外貌特征】

无角道赛特羊体质结实，头短而宽，羊毛覆盖至两眼连线，耳中等大，公、母羊均无角，颈短粗，胸宽深，背腰平直，后躯丰满，四肢粗短，长瘦尾，整个躯体呈圆桶状，面部、四肢被毛为白色（张英杰，2015）。

【体重体尺】

无角道赛特羊体重体尺测定如表1-5所示。

表1–5 无角道赛特羊体重体尺测定表

性别	年龄	体重（kg）	体高（cm）	体长（cm）	胸围（cm）
公羊	6月龄	51.0	61.1	72.3	91.0
	周岁	91.0	72.5	83.1	110.2
	2岁	106.0	80.1	92.2	113.3
母羊	6月龄	42.1	59.9	64.2	90.3
	周岁	62.8	71.1	73.3	102.2
	2岁	78.2	79.4	83.2	105.8

【产肉性能】

无角道赛特羊屠宰性能测定如表1-6所示。

表1-6　无角道赛特羊屠宰性能测定表

性别	宰前活重（kg）	胴体重（kg）	屠宰率（%）	净肉率（%）	骨肉比
公羊	60.0	33.1	55.2	45.5	1：4.7
母羊	55.2	30.4	54.8	45.0	1：4.5

【繁殖性能】

无角道赛特羊初产母羊产羔率105%，经产母羊125%。公、母羊初情期均在6～7月龄。公羊初次配种时间为10～12月龄，母羊初次配种时间为8～10月龄。公羊平均每次射精量1.5ml以上，精子活力0.7以上。母羊发情周期17d，妊娠期150d。母羊常年发情，秋季较为集中。

【应用状况】

20世纪80年代以来，新疆、内蒙古、甘肃、北京、河北、山西及辽宁等省（市、自治区），先后从澳大利亚和新西兰引入无角道赛特羊。1989年，新疆从澳大利亚引进纯种公羊4只，母羊136只，在玛纳斯南山牧场的生态经济条件下，采取了春、夏、秋季全放牧，冬季5个月全舍饲的饲养管理方式，收到了良好的效果，基本上能较好地适应新疆的草场条件，不挑食，采食量大，上膘快。但由于肉用体型好，腿较短，不宜放牧在坡度较大、牧草较稀的草场，转场时亦不可驱赶太快，每天不宜走较长距离。饲养在新疆的无角道赛特羊，对某些疾病的抵抗力较差，尤其是羔羊，患羔羊脓疱性口膜炎、羔羊痢疾、网尾线虫病、营养代谢病等，发病率和死亡率较高，因此在管理和防疫上应予加强。地处甘肃省河西走廊荒漠绿洲的甘肃省永昌肉用种羊场，2000年初，从新西兰引入无角道赛特品种1岁公羊7只，母羊38只，该品种对羊场以舍饲为主的饲养管理方法，适应性良好。3.5岁公羊体重（125.60±11.80）kg，母羊（82.46±7.24）kg，产羔率157.14%，繁殖成活率为121.20%。若与澳大利亚的无角道赛特羊相比，新西兰的无角道赛特羊腿略长，放牧游走性能较好（赵有璋，2005）。

（张英杰编写）

第四节　德国肉用美利奴羊

【品种概要】

德国肉用美利奴羊（German Mutton Merino）是世界著名的细毛型肉用羊品种之一，具有抗逆性强、繁殖力高、耐粗饲、常年发情、生长快、产肉性能好、毛质好和常年发情的优点。缺点是后代公羔个别有隐睾和角基。

德国肉用美利奴羊（公羊）

德国肉用美利奴羊（母羊）

德国肉用美利奴羊（母羊群体）

【产地条件】

德国肉用美利奴羊原产于德国萨克森州和汉诺威州,是在原德国美利奴羊基础上,本着适应性强,繁殖力高,耐粗饲,常年发情,产肉性能好和毛质好的育种方向,经多年选育而成的肉毛兼用羊品种。1995年,黑龙江省大山种羊场和内蒙古畜牧科学院,首次同时从德国引进该品种,到目前为止也是最后一次从德国引进(因受疯牛病影响,我国禁止从欧洲进口反刍动物)。20世纪50～70年代引进的德国美利奴羊并不是德国肉用美利奴羊,其产肉性能无法同德国肉用美利奴相比。

目前主要分布于内蒙古、黑龙江、吉林、辽宁、山西、甘肃、新疆等北方各省(自治区),中心产区位于内蒙古锡盟、黑龙江齐齐哈尔等地,位于东经126°04′~97°12′,北纬37°24′~53°23′,海拔40~1 000m,气候以温带大陆性季风气候为主。有降水量少而不匀,风大,寒暑变化剧烈的特点。年平均气温为0～8℃,气温年差平均在34～36℃,日差平均为12～16℃。年总降水量50～450mm,日照充足,全年大风日数平均为10～40d,70%发生在春季。地处牧区与农牧结合带,牧草、饲料、农作物秸秆、农副产品等资源丰富。

【外貌特征】

德国肉用美利奴羊公、母羊均无角,头毛着生在两眼连线以上,眼大,目灵活,耳中等大小、不下垂,鼻梁平直,脸部不着生白刺毛,前肢腕关节和后肢附关节以下不着生细毛,颈部及体躯皆无皱褶;体格硕大,体躯呈长圆桶形,胸宽深,肋拱圆,背腰宽而平直,后躯发育良好,肌肉丰满,四肢健壮;被毛白色,覆盖良好,毛密而长,弯曲明显。体现了肉毛完美的结合。

【体重体尺】

德国肉用美利奴羊体重体尺如表1-7所示。

表1-7　德国肉用美利奴羊体重体尺表

性别	年龄	体重/kg	体高/cm	体长/cm	胸围/cm
公羊	6月龄	44.60±1.70	54.20±1.40	67.93±2.00	79.93±1.60

（续表）

性别	年龄	体重/kg	体高/cm	体长/cm	胸围/cm
公羊	周岁	78.65 ± 4.65	68.30 ± 1.45	76.15 ± 1.30	99.15 ± 2.30
	2岁	125.00 ± 5.20	75.00 ± 3.00	80.00 ± 2.80	122.00 ± 2.40
母羊	6月龄	41.50 ± 2.71	52.90 ± 1.20	66.33 ± 2.20	78.13 ± 2.40
	周岁	68.58 ± 4.20	65.20 ± 1.15	70.16 ± 1.20	96.11 ± 1.70
	2岁	85.00 ± 4.70	66.00 ± 3.10	75.00 ± 2.30	105.00 ± 3.40

注：2011年5月在黑龙江省大山种羊场测定公、母羊各10只

【产肉性能】

德国肉用美利奴羊产肉性能如表1-8所示。

表1-8　德国肉用美利奴羊产肉性能表

性别	宰前活重（kg）	胴体重（kg）	屠宰率（%）	净肉率（%）	骨肉比
公羊（6月龄）	46.9 ± 2.1	24.35 ± 1.5	51.92 ± 1.1	42.64 ± 1.3	1:（5.4 ± 0.1）
母羊	44.8 ± 2.7	22.71 ± 1.2	50.69 ± 1.3	41.23 ± 1.0	1:（5.2 ± 0.1）

注：2011年11月在黑龙江省大山种羊场测定公、母羊各5只

【繁殖性能】

德国肉用美利奴羊初产母羊产羔率150%以上，经产母羊200%以上，黑龙江省大山种羊场平均产羔率197%。公、母羊初情期在8~9月龄。公羊初次配种时间为11~12月龄，母羊初次配种时间为10.5~11月龄。公羊平均每次射精量1.0ml以上，精子密度20亿以上，精子活力0.7以上。母羊发情周期16~17d，妊娠期145d。母羊非季节性常年发情，无固定产羔季节，产后最早发情时间为26d，可实行一年两产或二年三产的高频繁殖。

【应用情况】

德国肉用美利奴羊是我国细毛羊产区发展肉羊产业的最佳父本品种，可以达到保毛增肉的杂交效果。同我国低产羊品种杂交效果也很好。黑龙江大山种羊场用其为父本同东北细毛羊母羊杂交效果很好。试验数据显示，德细杂一代羔羊平均初生重（4.1 ± 0.4）kg，断乳重（19.5 ± 1.3）kg，哺乳期平均日增重

（177.9±12.2）g。6月龄育肥羔羊平均出栏重（44.6±1.7）kg，育肥期平均日增重（220.7±15.1）g。6月龄屠宰，平均屠宰前体重（44.5±1.3）kg，胴体重（20.2±0.7）kg，净肉重（16.4±0.7）kg；分别比同群东北细毛羊高9.9kg、6.7kg和6.5kg。平均屠宰率45.3%±0.4%，胴体净肉率81.3%±1.1%，净肉率36.9%±0.8%；分别比同群东北细毛羊高6.3%、8%和8.3%。

目前该品种在内蒙古、黑龙江、吉林、辽宁、新疆、山西等省（自治区）均有分布。利用其为父本，以杂交育种的方法，目前国内已选育出了巴美肉羊、昭乌达肉羊、察哈尔羊等肉毛兼用型羊新品种。

（全海国编写）

第五节　南非肉用美利奴羊

【品种概要】

南非肉用美利奴羊（SA Mutton Merino）属于优质毛肉兼用型绵羊引入品种，具有早熟、毛质优良、胴体产量高和繁殖力强等特点，是生产兼有高质细毛的早期育肥羔羊专用品种。从20世纪90年代开始引入我国，主要分布在甘肃、新疆、内蒙古、吉林和宁夏等省（自治区），在我国细毛羊或半细毛羊杂交改良中发挥了重要作用（赵有璋，2013）。

南非肉用美利奴羊（母羊）　　　　　南非肉用美利奴羊（公羊）

南非肉用美利奴羊（群体）

【产地条件】

南非肉用美利奴羊原产于南非，现分布于澳大利亚、新西兰和美洲一些国家。系南非农业部20世纪30年代为了育种项目引入德国肉用美利奴羊，通过对其羊毛品质和体形外貌上的不断选育而育成的非洲品系，1971年该品种被认定。从20世纪90年代开始引进，主要分布在甘肃、新疆、内蒙古、吉林和宁夏等省（自治区）（赵有璋，2011）。

【外貌特征】

南非肉用美利奴羊体质结实，体格大，结构紧凑，肉用体型明显；头长短适中，公、母羊均无角，额宽而平，眼大有神，鼻梁略凸；颈长中等、略粗，颈与肩结合良好；前胸宽深，肋骨拱圆，开张良好，背腰平直，后躯丰满，发育良好；四肢健壮，肢势端正，蹄质结实，步态稳健；全身被毛白色、同质、闭合性良好，被毛覆盖头部至两眼连线，前肢至腕关节，后肢到飞节，腹毛覆盖良好（赵有璋，2011）。

【生产性能】

生产性能测定方法按NY/T 1236-2006执行，平均生产性能指标见表1-9。

表1-9　南非肉用美利奴羊平均生产性能指标

| 性别 | 成年羊（24月龄） | | | | | 周岁羊 | | | | |
	细度（μm）	毛长（mm）	剪毛量（kg）	净毛量（kg）	体重（kg）	细度（μm）	毛长（mm）	剪毛量（kg）	净毛量（kg）	体重（kg）
公羊	21.5	90	9.0	5.5	100	21.5	100	3.5	2.0	60
母羊	21.5	80	5.5	3.0	60	21.5	100	2.5	1.5	50

注：参考南非肉用美利奴品种标准

【产肉性能】

6月龄羔羊屠宰率为48%，周岁50.0%，净肉率41%~45%（赵有璋，2011）。

【繁殖性能】

在正常饲养管理条件下，公羊、母羊性成熟年龄8月龄，初配年龄12~18月龄；母羊产羔率130%~160%，母性强，泌乳力好，妊娠期平均150d（赵有璋，2011）。

【应用状况】

我国从20世纪90年代开始引进，主要分布在新疆、内蒙古、吉林和宁夏等地区。新疆农垦科学院刘守仁院士等（2004）采用南非肉用美利奴公羊与体格大、产肉性能相对较高的中国美利奴母羊杂交，经2~3代进行横交选育，培育出中国美利奴羊肉用品系，该品系羊体格大，躯体长而宽厚，胸深，肩平，背腰臀部宽厚，肌肉丰满。甘肃农业大学李发弟等（2012）利用南非肉用美利奴公羊与甘肃高山细毛羊进行复杂育成杂交，以期保证在甘肃高山细毛羊羊毛品质不下降的情况下，培育出适合高寒牧区的天祝肉用美利奴新品种（系）。

南非肉用美利奴羊具有体格高大、早熟、生长发育快、繁殖力高、产肉多、被毛品质好、改良效果明显等优点，今后应该加强选育，进一步提高其生产性能，发挥其在羊产业中的作用。

（李发弟，马友记编写）

第六节　夏洛莱羊

【品种概要】

夏洛莱羊（Charolais Sheep）原产于法国，是世界上最优秀的肉用品种羊之一，由于个体大、出肉率高、增重快、肉质好、特别耐粗饲、采食能力强而著称于世，不论自身的肉用性能还是杂交效果均居世界之首，但是也存在皮张薄、抗逆性较差等缺点，该品种在我国现主要分布于辽宁省的朝阳和锦州地区、内蒙古东部、河北等地（李延春，2003）。

夏洛莱羊（公羊）

夏洛莱羊（母羊）

夏洛莱羊（群体）

【产地条件】

夏洛莱羊原产于法国，是以莱斯特羊和南丘山为父本、当地的细毛羊为母本杂交育成。1963年命名为夏洛莱羊，1974年法国农业部正式承认为肉用品种羊。产地为法国中东部摩尔万山脉至夏洛莱山谷和布莱斯平原地区，属大陆性气候。法国平均降水量从西北往东南由600mm递增至1 000mm以上。1月平均气温北部1~7℃，南部6~8℃；7月北部16~18℃，南部21~24℃。

【外貌特征】

夏洛莱羊属大型肉羊品种，躯干长，呈圆桶形，背腰平直，肌肉丰满，胸宽而深，肩宽而厚；无角，头部无毛，带有红褐色或灰色，有的带有黑色斑点。额宽，两眼之间距离大。耳朵细长灵活能动且与头部颜色相同。臀部宽大，肌肉发达。公羊睾丸大小适中，较匀称，发育良好。母羊乳房发育丰满，有良好的弹性，泌乳力强。四肢较短无毛，颜色较浅。两后肢间距大，呈倒"U"字形，被毛同质，短（2~4cm）、细（29μm）、密度中等，无脊背线（李延春，2003）。

【体重体尺】

夏洛莱羊体重体尺测定如表1-10所示。

表1-10 夏洛莱羊体重体尺测定表

性别	年龄	体重（kg）	体高（cm）	体长（cm）	胸围（cm）
	6月龄	55.0	59.0	82.0	90.0
公羊	周岁	82.5	65.0	90.0	108.0
	2岁	115.0	70.0	97.0	119.0
	6月龄	52.0	57.0	80.0	86.0
母羊	周岁	66.0	63.0	82.0	89.0
	2岁	90.0	66.0	95.0	108.0

【产肉性能】

夏洛莱羊屠宰性能测定如表1-11所示。

表1-11　夏洛莱羊屠宰性能测定表

性别	宰前活重（kg）	胴体重（kg）	屠宰率（%）	净肉率（%）	骨肉比
公羊	62.50	34.38	55.00	48.77	1∶6.25
母羊	61.30	32.61	53.20	46.84	1∶6.01

【繁殖性能】

夏洛莱羊初产母羊产羔率为130%~140%，经产母羊可达167%~189%，经产母羊平均产羔率在186%左右，最高可达195%。母羊的初情期为6~7月龄，公羊的初情期为8~10月龄；母羊的初配年龄在10月龄左右，公羊的初配年龄在12月龄为宜，最少不得少于10月龄。公羊平均一次射精量1~1.2ml，精子数量在2.5亿个左右，精子活力在0.7以上。母羊发期周期为16~20d，平均为18d。夏洛莱羊妊娠期平均147d。母羊繁殖具有明显的季节性，经产羊是7月末至11月上旬，初产羊在9月末至12月上旬。

【应用状况】

我国自1988年开始，河北、河南、山东、山西、内蒙古、辽宁等省（自治区）先后引进夏洛莱羊，但是由于法国和我国北方地区气候差异较大以及我国肉羊生产经验不足等原因，均未度过风土驯化关而所剩无几。朝阳市种畜场（朝阳市朝牧种畜场的前身）于1995年最后一批引进夏洛莱羊，由于认真总结了以前引种的经验教训，通过与国内外专家联合攻关，对种羊采取了营养调控、环境调控和疫病综合防治等一系列防治措施，获得驯化成功，于2001年12月正式通过省级鉴定。经测试夏洛莱羊生长发育、体尺、体重、繁殖性能等指标均已达到或超过国际标准。

朝阳市种畜场曾经组织过8个引进肉羊品种与小尾寒羊进行杂交试验，夏洛莱杂交羊的生长速度、成年体尺、体重等综合生产性能位于众羊之首，是不可多得的优秀肉羊品种。现已推广到辽宁和周边省份，现存栏量在2 150只左右。

2003年在辽宁省畜牧局的主持下，制定了辽宁省夏洛莱羊地方标准（DB21/1273-2003）。自2008年以来，广大养殖户重新燃起了对夏洛莱羊的养殖热情，对夏洛莱羊的杂交优势给予充分的肯定和广泛的认可，针对这一产业发展阶段的特点，朝阳市朝牧种畜场充分发挥社会职能，大力推广人工授精、舍饲管理技术、大规模胚胎移植等相关配套技术，为夏洛莱羊的发展奠定了坚实的基础，同时重视夏洛莱羊的品种选育工作，不断提高种羊的品质，为推动我国肉羊产业发展发挥了一定的作用。

（王国春编写）

第七节 特克赛尔羊

【品种概要】

特克赛尔羊（Texel Sheep）原产于荷兰，为肉用细毛羊品种。是由林肯羊、来斯特羊与当地羊杂交选育而成的。具有多羔、早熟、羔羊生长快、体大、产肉和产毛性能好等特征，是国外肉脂绵羊名种之一，是肉羊育种和经济杂交非常优良的父本品种。该品种的缺点是对炎热气候有较强的应激反应，故夏季羊舍要有降温设施（国家畜禽遗传资源委员会，2011；Laville, et al, 2004；Clop A, et al, 2006；达文政等，2003）。

特克赛尔羊（公羊）

特克赛尔羊（母羊）

特克赛尔羊（群体）

【产地条件】

低、平是荷兰地形最突出的特点。全境为低地，四分之一的土地海拔不到1m，四分之一的土地低于海面，除南部和东部有一些丘陵外，绝大部分地势低下。由于临近海洋以及受北大西洋湾流的影响，荷兰属温带海洋性气候，冬温夏凉，沿海夏季和冬季的平均温度分别约为16℃和2℃，内陆夏季和冬季的平均温度分别约为17℃和2℃。春季降雨通常比秋季微少，但一年四季的降水量分配比较均匀，每年的降水量约为760mm［（苏）A·A威尼阿明诺夫著，李志农译，1989］。

【外貌特征】

该品种公、母羊均无角，头大小适中，耳短，全身毛白色，鼻部、眼圈为黑色，体格大、体质结实，结构匀称、协调。头清秀无长毛，鼻梁平直而宽，眼大有神，口方，肩宽深，胸圆，颈中等长粗，鬐甲平，也有鬐甲略微凸起的个体。头、颈、肩结合良好。背腰平直、宽，肋骨开展良好，腹大，前躯丰满，后躯发育良好，体躯肌肉附着良好，四肢健壮，蹄质结实（国家畜禽遗传资源委员会，2011；赵有璋，2013；赵有璋，2005；Lauvergne J et al，1978）。

【体重体尺】

特克赛尔羊体重体尺测定如表1-12所示。

表1-12 特克赛尔羊体重体尺测定表

性别	年龄	体重（kg）	体高（cm）	体长（cm）	胸围（cm）
公羊	1月龄	12.37±2.67	45.63±3.03	44.13±3.79	52.19±2.56
	5月龄	30.42±2.91	63.83±1.72	75.33±2.50	72.33±3.67
	12月龄	64.40±11.10	71.63±3.24	85.24±3.56	106.46±4.8
母羊	1月龄	11.97±2.21	45.15±2.21	42.53±1.87	49.96±2.94
	5月龄	29.17±2.42	61.67±1.97	71.67±2.80	72.17±2.32
	12月龄	49.16±6.27	67.84±4.38	80.55±2.56	91.81±6.72

注：1月龄数据来自参考文献（王大愚，2007），5月龄数据来自参考文献（魏彩虹，2010），12月数据来自多篇参考文献（戈新等，2007；童子保等，2006；Štolc L et al，2014；Freking B et al，2004）

【产肉性能】

特克赛尔羊屠宰性能测定如表1-13所示。

表1-13　特克赛尔羊屠宰性能测定表

性别	宰前活重（kg）	背膘厚（cm）	胴体重（kg）	腰肌重（kg）	大腿重（kg）	眼肌面积（cm²）
公羊	37.17 ± 7.39	1.00 ± 0.40	16.82 ± 5.11	2.55 ± 0.95	2.87 ± 0.73	8.78 ± 3.24
母羊	33.25 ± 5.35	1.01 ± 0.10	16.84 ± 1.77	2.84 ± 0.60	2.60 ± 0.43	8.92 ± 4.11

注：2009年在河北省香河县张庄养羊场测定公、母羊各6只（魏彩虹，2010）

【繁殖性能】

公、母羔羊4~5月龄即有性行为，7月龄性成熟。正常情况下，母羊10~12月龄初配，发情季节长。80%的母羊产双羔，产羔率150%~160%，高的达200%。母羊泌乳性能良好（国家畜禽遗传资源委员会，2011）。

【应用状况】

特克赛尔羊是一个早熟、生长发育快的大型肉用羊品种，引进我国后主要作为父本品种改良本地羊，以提高本地羊的生长速度和产肉性能。

王大广等于1996年在吉林省双辽市用含1/2特克赛尔羊血统的种公羊与当地细毛羊进行杂交试验，产生的含1/4特克赛尔羊血统的羊日增重152g，比当地细毛羊提高了16.92%。育肥羔羊宰前活重、胴体重、净肉重、屠宰率和净肉率比当地羊都有显著提高（赵有璋，2013）。

江苏省苏州市畜牧兽医站于2000年在苏州市种羊场用特克赛尔公羊与湖羊进行杂交试验，杂种一代羔羊初生重4.50kg，3月龄重22.20kg，6月龄重39.22kg，分别比湖羊提高42.86%、47.50%和30.60%。杂种一代从初生至2月龄平均日增重为289.9g，从初生至6月龄平均日增重为189.8g，分别比湖羊提高48.59%、29.2%（赵有璋，2013）。

宁夏畜牧兽医研究所用特克赛尔公羊与小尾寒羊杂交，杂交效果显著。舍饲条件下其杂种一代初生重公、母羊分别为（3.15 ± 1.36）kg、（2.41 ± 0.72）kg；

1月龄公羔重（12.17±1.15）kg、母羔重（8.90±2.07）kg，1月龄公、母羊平均日增重达（214.33±2.05）g（赵有璋，2013）。

（储明星编写）

第八节　澳洲白绵羊

【品种概要】

澳洲白绵羊（Australian White Sheep）是一个中型偏大型专门化肉用绵羊品种，是澳大利亚集成了白杜泊绵羊、万瑞绵羊、无角道赛特和特克赛尔等品种的优良基因培育而成的粗毛型专门化肉羊品种。2009年在澳大利亚注册为品种（INC9892274），2011年3月15日正式上市。该品种具有万瑞和无角道赛特绵羊的中大体格、特克赛尔的美丽臀和无角道赛特的长腰，而且体型结构好、生长速度快、早熟、全年发情，同时还具有自动掉毛、管理成本低、耐粗饲等特点。

澳洲白绵羊（母羊）

澳洲白绵羊（公羊）

澳洲白绵羊（群体）（陈华提供）

【产地条件】

澳洲白绵羊原产于澳大利亚新南威尔士州，核心产区为Bathur地区，产区地势平坦、气候适宜、草原辽阔、饮水丰富、无野生肉食动物。尤其是丰富的天然草场资源，大大节省了饲养成本。澳大利亚属于热带沙漠气候和热带草原气候，地下水丰富，有利于牧草的生长。此外，产区畜牧业科技发达，集约化程度高，养殖历史悠久，经验丰富。

【外貌特征】

澳洲白绵羊头部呈类三角形形状，颌部结实，脸颊大，平坦，咬肌强健，下巴深、宽，鼻骨略拱起。少许公羊有角。耳朵中等呈半下垂状，眼睛大而深色，眼睑发达。公羊颈部结构强健，颈根部宽，往上渐渐变窄与头部相连。母羊颈部结构强健略显清秀。澳洲白绵羊胸宽而深，胸深至肘部水平，前胸稍凸而饱满。前腿垂直强壮，前腿膝关节以上部分较长、且肌肉丰满，小腿胫骨强健。体躯宽深，肋骨开张良好、丰满。背腰平直而长，肌肉强壮，甚至略微圆拱。臀部宽、后躯深。内外胯肌肉丰满而长，关节刚健，蹄部直立。澳洲白绵羊脂肪分布薄而匀称，肌肉手感结实而突出。澳洲白绵羊被毛白色，允许有浅啡色块，眼睑、嘴、肛门、生殖器和蹄部位有色素沉着。

【体重体尺】

在放牧和管理条件良好的情况下，6月龄澳洲白绵羊公羊体重可达52.5kg，胴体重可达到23kg，舍饲胴体重可达到26kg；10月龄体重可达78kg，且脂肪覆盖均匀（表1-14）。

表1-14 澳洲白绵羊体重测定表

性别	年龄	体重（kg）
	6月龄	53
公羊	周岁	86
	2岁	122
	6月龄	45
母羊	周岁	63
	2岁	70

【产肉性能】

澳洲白绵羊屠宰性能测定如表1-15所示。

表1-15 澳洲白绵羊屠宰性能测定表

性别	宰前活重（kg）	胴体重（kg）	屠宰率（%）	净肉率（%）
公羊	50.00	26.25	52.50	43.30
母羊	43.00	22.36	52.00	43.00

注：天津奥群牧业有限公司2015年测定

【繁殖性能】

澳洲白绵羊初产母羊产羔率110%左右，经产母羊150%以上。公、母羊初情期均在7~9月龄。公羊初次配种时间为7.5~8月龄，母羊初次配种时间为7~9月龄。成年公羊平均每次射精量1.5~2ml，精子活力0.85以上。母羊发情周期17~18d，妊娠周期148d。母羊常年发情，春季3~6月、秋季8~12月较为集中。

【应用状况】

该品种自2011年由全国畜牧总站和天津奥群牧业有限公司联合承担"948"项目引入国内，目前在内蒙古、山东、河北、山西等地推广应用，在湖羊、寒羊等多胎品种的杂交组合中，用做终端父本（第二父本），在其他单胎绵羊品种的杂交组合中，用做轮回杂交、自我补群。天津奥群牧业有限公司通过选育和工厂化胚胎移植扩繁，至2015年9月底，澳洲白绵羊种群规模超过4 000只，同时在内蒙古、甘肃等地与高寒牧区地方绵羊品种开展规模杂交试验共计3万余只，其皮厚被毛致密的特点，使其表现出非常突出的抗寒能力和生长速度，适应农区和牧区不同的养殖环境，尤其是高寒地区。

（杜立新编写）

第九节　波尔山羊

【品种概要】

波尔山羊（Boer Goat）是目前世界上唯一公认的肉用山羊品种，也是最理想的肉用山羊杂交父本品种。该品种可分为普通型、长毛型、无角型、土种型和改良型。其中改良型波尔山羊最理想，具有体型结构好、生长速度快、繁殖力高、板皮品质优、净肉多、性情温顺、杂交效果明显等特点，受到人们的普遍欢迎。其缺点是：被毛短而稀，严寒的气候条件会影响其生长发育与健康生存，而且成年羊肉嫩度较差（周占琴，1994）。

波尔山羊（公羊）

波尔山羊（母羊）

波尔山羊（群体）

【产地条件】

波尔山羊原产于南非好望角地区。该地处于非洲最西南端，位于东经18°28′26″，南纬34°21′25″，属于地中海式气候，夏季炎热干燥，冬季温和多雨，四季分明。5~8月为冬季，11月至翌年2月为夏季，全年气温为7~25℃，平均降水量450mm（郑胜华，2009）。中国波尔山羊主要产区陕西省麟游县位于渭河支流漆水河上游，地处东经107°19′~108°2′，北纬34°33′~34°58′，属于温带半湿润—湿润季风气候区，年平均气温9.1℃。1月平均气温-4℃，7月平均气温22.1℃，极端最高气温37.5℃，极端最低气温-19.5℃。年平均降水量为680mm，多集中在7~9月。日照时间短，热量不足，全年日照时间为2 200h左右，无霜期178d。全县平均海拔1 271m，最高1 664m，最低740m，属渭北旱源丘陵沟壑区。草地面积1 060万hm²，但属灌木草原植被类型区，主要以天然森林、灌木自生林和草本植物为主（万红莲，2009）。

【外貌特征】

南非波尔山羊可分为普通型、长毛型、无角型、土种型和改良型五类。其中改良型波尔山羊较理想，引入我国的改良型波尔山羊体质结实，体格适中，体躯结构匀称，肉用体型明显。头大额宽，耳大下垂，鼻梁隆起，头、耳部为深或浅棕色，但有色毛不超过肩部，额部有明显的广流星（前额及鼻梁有一条白色带）。公、母羊均有角。颈粗壮，颈肩结合良好。胸宽深，肋骨开张良好，背腰宽平而直，腹深而紧凑。臀股部肌肉丰满。四肢粗壮，肢势端正，蹄质坚实。公羊颈部与胸部有明显皱褶，体躯与四肢被毛白色，毛短而有光泽（武和平等，1998）。

【体重体尺】

由于各地的饲养方式不同，波尔山羊的体增重变化较大。饲养在纳米比亚的单羔、双羔和三羔波尔山羊羔羊平均日增重分别为240g、238g和218g（Barry & Godke，1997），饲养在德国的波尔山羊相应日增重为257g、193g和182g。在南非亚热带灌木草原放牧条件下的波尔山羊100日龄断奶前平均日增重为163g。

我国陕西省波尔羊繁育中心舍饲的波尔山羊平均初生重为3.18 kg，两月龄断奶前，公羔平均日增重为182.50g，母羔为155.20g，断奶后出现应激性生长减缓，但到5~6月龄时体增重达到最高峰。在良好的舍饲条件下，公羔日增重最高可达到306.0g，母羔最高可达到213.0g。6月龄公羔体重可达到36.40kg，母羔达到27.70kg，7月龄后生长速率逐渐下降，但仍显著高于国内其他肉用山羊品种。成年公羊平均体重为94.4 kg，体高为81.0 cm，体长为96.57 cm；成年母羊平均体重为59.60 kg，体高为69.19cm，体长为79.18cm（表1-16）。

表1-16 波尔山羊体重体尺

性别	年龄	体重（kg）	体高（cm）	体长（cm）	胸围（cm）
	6月龄	36.40	64.67	67.50	87.83
公羊	周岁	58.50	69.24	77.01	84.04
	2岁	94.40	81.00	96.57	118.49
	6月龄	27.70	61.17	64.00	78.33
母羊	周岁	41.50	60.39	68.92	80.68
	2岁	59.60	69.19	79.18	107.23

注：波尔山羊断奶重与断奶后体重呈强相关（$r=0.89$），因此，对断奶重的选择更为重要

【产肉性能】

波尔山羊的屠宰率随着年龄的增加而增加，8~10月龄时为48%，两齿时为50%，四齿时为52%，六齿时为54%，满口时为56%~60%或更高（周占琴，1994）。

【繁殖性能】

波尔山羊性成熟年龄比国内小型山羊品种晚，属于较早熟品种。公羊性成熟年龄为242.5d，母羊平均性成熟年龄为182d，第一胎平均产羔1.87只，第二胎产羔2.02只，第三胎达到最高峰，为2.23只；第四、第五胎产羔数与第三胎没有明显差异。但第一胎产羔数对终生产羔数有一定影响（表1-17）（武和平等，2007）。

表1-17 波尔山羊母羊不同胎次产羔情况

母羊	只数（只）	每胎产羔数（只）					五胎平均（只）
		第一胎	第二胎	第三胎	第四胎	第五胎	
初产单羔母羊	10	1.0	1.50	1.80	1.70	1.80	1.56
初产双羔母羊	33	2.0	2.09	2.27	2.21	2.12	2.14
初产三羔母羊	4	3.0	2.75	3.0	3.50	3.50	3.05
平均		1.87	2.02	2.23	2.19	2.14	2.09

【应用状况】

有关波尔山羊的起源说法不一，大多数学者认为，波尔山羊是由移居南非的部落班图族人引入，含有印度山羊和欧洲山羊血缘，在南非经过一个多世纪的风土驯化与漫长的杂交选育而成。其名称来源于荷兰语"Boer"（农民）一词，原指生活在南非的荷兰、法国和德国白人移民后裔。因此，波尔山羊很可能是南非波尔人主要饲养和选育的家畜品种之一。

改良型波尔山羊已被欧洲、亚洲、美洲、大洋洲和非洲许多国家引入。我国周占琴等人于1995年首先从德国引进25只，饲养在陕西省和江苏省，此后又多次从澳大利亚、新西兰和南非引进种羊和胚胎，广泛用于肉山羊杂交改良，取得了显著的经济与社会效益。目前波尔山羊已分布于全国20多个省区，总存栏量约为30 000只，其中以陕西省波尔羊良种繁育中心存栏量最大、品系最全。2003年国家质检总局颁布了适用于波尔山羊品种鉴别和种羊等级评定的《波尔山羊种羊》标准（GB 19376-2003），规定了波尔山羊的品种特性、外貌特征、生产性能和种羊等级指标。

（周占琴编写）

第十节　努比亚山羊

【品种概要】

努比亚山羊（Nubian Goat）原产于非洲东北部的埃及、苏丹及邻近的埃塞俄比亚、利比亚、阿尔及利亚等国，在英国、美国、印度、东欧及南非等国都有分布（赵有璋，2011），属肉乳兼用型山羊，具有性情温驯、繁殖强、产肉性能好、产乳量较高、乳质优良等特点（徐刚毅，1990）。

努比亚山羊（公羊）　　　　　　　努比亚山羊（母羊）

【产地条件】

埃及地跨亚、非两洲，大部分位于非洲东北部，东临红海，南接苏丹，海岸线长多于2 700km，东西宽1 240km，南北长1 024km，地形平缓，无甚大山，沙漠面积占全国总面积的96%。全境大部属海拔100~700m的低高原，红海沿岸和西奈半岛有丘陵山地，最高峰凯瑟琳山海拔2 637m。埃及气候较为单一，除地中海沿岸是夏季高温多雨、冬季较为温暖湿润的地中海气候外，其余地方为典型的热带沙漠气候，终年气候干热，大部地区终年很少降雨，非常干旱。努比亚山羊的耐热性好，但在寒冷潮湿的气候适应性差（赵有璋，2011）。

【外貌特征】

努比亚山羊体格大，结构匀称，肢势端正。头短小、额突出，罗马鼻，耳大下垂，颈长，头、颈、肩结合良好，背腰宽平、尻斜长，四肢细长。公羊雄壮，四肢粗壮，有胡须，睾丸大小适中、对称，发育良好；母羊体躯清秀、呈楔形，后躯深广，无胡须，乳房发育良好、呈球性。毛色较杂，有暗红色、棕色、乳白色、黑色及各种斑块杂色，以暗红色居多，被毛细短，有光泽（徐刚毅，1990）。

【体重体尺】

努比亚山羊体重体尺测定如表1-18所示。

表1-18 努比亚山羊体重体尺测定表

性别	年龄	体重（kg）	体高（cm）	体长（cm）	胸围（cm）
公羊	周岁	44.4	77.1	76.3	78.7
	2岁	60.0	82.7	82.0	86.5
	3岁	68.5	84.2	87.5	93.6
母羊	周岁	40.2	68.7	71.9	74.8
	2岁	45.5	72.7	78.4	78.8
	3岁	47.2	72.9	78.7	79.0

【生产性能】

努比亚山羊产肉率高，成年公羊、母羊屠宰率分别是51.98%、49.20%，净肉率分别为40.14%和37.93%。含有努比山羊血缘的羊肉，肉质细嫩、膻味低、风味独特，被广大消费者所喜好。

【繁殖性能】

努比亚山羊繁殖力强，公羊初配种时间为6~9月龄，母羊配种时间5~7月龄，发情周期20d，发情持续时间1~2d，怀孕时间146~152d，发情间隔时间70~80d，一年产2~3胎，每胎2~3羔，泌乳期一般5~6个月，产奶量300~800kg，盛产期日产奶量2~3kg，高者可达4kg以上，乳脂率4%~7%，奶的风味好（赵有璋，2011）。据1985—1987年97只产羔母羊的统计，平均产羔率192.8%，其中窝产多羔母羊占72.9%，妊娠期为149.6d。第一胎（15只）平均产奶量375.7kg，泌乳期261.0d，第二胎（14只）分别为445.3kg和256.9d（徐刚毅，1990）。

【应用状况】

努比亚山羊在1939年曾引入我国，饲养在四川省成都等地。20世纪80年代以来，四川省简阳市、乐至县、广西壮族自治区、湖北省房县等就先后数批从英国和澳大利亚等国引入饲养。2012年贵州省在松桃县建立了贵州省努比亚山羊发展有限公司、努比亚研究所、努比亚原种场、努比亚杂交改良场、总占地面积6 000亩，建筑面积60 000m^2，组成了一只专门针对努比亚山羊进行系列培育与研究的队伍。近年来，云南、贵州、宁夏等地引入努比亚羊杂交改良本地山羊，取得明显效果。四川省简阳市、乐至县为我国较早引入努比亚山羊改良本地山羊的地区，在上级有关部门的大力支持下，经过数十年杂交改良和新品种选育工作，成功地培育出具有优良肉用特性的简州大耳羊和乐至黑山羊。

（徐刚毅编写）

第二章 自主培育肉羊品种

第一节 巴美肉羊

【品种概要】

巴美肉羊（Bamei Mutton Sheep）属于肉毛兼用型品种，具有适合舍饲圈养、耐粗饲、抗逆性强、适应性好、羔羊育肥快、性成熟早等特点。当地农牧民给巴美肉羊的优势总结了28字口诀："头大、脖粗、屁股圆，体高、毛细、身子长，耐粗、抗病、生长快，商高、精养、效益高"。今后应进一步提高其产肉性能和羊肉品质（荣威恒，张子军，2014）。

巴美肉羊（母羊）　　　　　　　　巴美肉羊（公羊）

巴美肉羊（群体）

【产地条件】

巴美肉羊的中心产区位于巴彦淖尔市的乌拉特前旗、乌拉特中旗、五原县、杭锦后旗和临河区等地区，气候属典型的温带大陆性季风气候。巴彦淖尔市位于中国北疆，内蒙古西部，地理位置为北纬40°13′~42°28′、东经105°12′~109°53′。巴彦淖尔属中温带大陆性季风气候，年平均气温3.7~7.6℃，年平均日照时数为3 110~3 300h，是中国光能资源最丰富的地区之一。无霜期短，平均无霜期为126d。降水量少，年平均降水量188mm，雨量多集中于夏季的7~8月，约占全年降水量的60%。受气候与地形条件的影响，巴彦淖尔市植被类型复杂。一般可分为山地植被、荒漠植被、沙地植被、农作物等。草原植被有干草原、荒漠化草原。荒漠植被有草原化荒漠和石质戈壁荒漠。其分布规律从东到西为草原—干草原—荒漠化草原—草原化荒漠—荒漠，从南到北是草甸植被—山地植被—高原干草原—荒漠（荣威恒，张子军，2014）。巴彦淖尔地区有丰富的饲草料资源，年产农作物副产品及秸秆40亿kg，粮食16亿kg。同时随着西部大开发恢复生态工程的实施，牧草种植面积不断扩大。2002年紫花苜蓿等优质牧草的种植面积达6.7万hm^2，年产饲草15亿kg（王海平，2010）。

【外貌特征】

巴美肉羊体格较大，体质结实，结构匀称，胸部宽而深，背腰平直，四肢结实，后肢健壮，肌肉丰满，肉用体型明显，具有早熟性，被毛白色，闭合良好，密度适中，细度均匀，以60~64支为主，无角，颈部无皱褶，头部至两眼连线、前肢至腕关节和后肢均覆盖有细毛。

【体重体尺】

巴美肉羊体重体尺测定如表2-1所示。

表2-1　巴美肉羊体重体尺测定表

性别	只数	体重（kg）	体高（cm）	体长（cm）	胸围（cm）	管围（cm）
公羊	30	109.9 ± 3.8	80.1 ± 1.7	83.1 ± 2.1	116.4 ± 1.4	15.9 ± 1.5
母羊	82	63.3 ± 2.3	72.1 ± 1.6	73.4 ± 1.3	100.3 ± 3.5	13.1 ± 1.3

【产肉性能】

巴美肉羊屠宰性能测定如表2-2所示。

表2-2　巴美肉羊屠宰性能测定表

性别	宰前活重（kg）	胴体重（kg）	屠宰率（%）	净肉重	骨肉比
公羊	121.10	61.66	50.87	44.86	1 : 2.49
母羊	80.50	40.84	50.73	29.01	1 : 2.34

【繁殖性能】

巴美肉羊公羊8~10月龄、母羊5~6月龄性成熟，初配年龄公羊为10~12月龄、母羊为7~10月龄。母羊季节性发情，一般集中在8~11月发情，饲养管理条件好的情况下可四季发情，发情周期为14~18d，妊娠期146~156d，产羔率126%，羔羊断奶成活率98.1%（国家畜禽遗传资源委员会，2011）。

【应用状况】

截至2014年年底，巴彦淖尔市纯种巴美肉羊群体数量已达到8万余只，并在乌拉特中旗、五原县、乌拉特前旗、杭锦后旗、临河区建成巴美种羊育种园区2个，规模化核心场8个，繁育群96处，生产群153处，育种户数量达到257处。2007—2014年，巴美肉羊已经推广到辽宁、山东、宁夏、新疆等8个省（自治区）。累计推广种公羊5 860只，授配母羊193.37万只，生产优质杂交肉羔223.43万只，同时建成标准化肉羊杂交繁育场6个，肉羊杂交繁育户300多个；高标准肉羊育肥园区6个。巴美肉羊非常适合北方农区、半农半牧区舍饲圈养或放牧加补饲条件下饲养，据统计，巴寒杂交羔羊初生重4.9kg，正常舍饲条件下3月龄体重24kg，6月龄体重47kg，平均日增重235g，胴体重21.7kg，屠宰率46%；6月龄巴寒杂交羔羊非常适合屠宰企业进行分割加工，是比较理想的西式产品加工原料，加工企业均按一等羔羊收购，胴体价每千克高于其他羊2~3元。因此，巴美肉羊作为肉羊杂交生产的父本，具有很高生产价值。

2006年2月内蒙古自治区先发布了《巴彦淖尔肉羊》地方标准（DB15/429-2006），其后该品种于2007年通过国家畜禽遗传资源委员会审定，正式命名为巴美肉羊。因其具有耐粗饲、抗逆性强、适应性好、羔羊育肥快、性成熟早等优点作为当地肉羊杂交生产的主导品种，推广利用前景很好，养殖效益可观，适合农区肉羊生产，对推动肉羊产业发展有巨大的作用，现作为全国肉羊主推品种之一。

（荣威恒编写）

第二节 昭乌达肉羊

【品种概要】

昭乌达肉羊（Zhaowuda Mutton Sheep）是以肉为主的肉毛兼用羊，是我国第一个草原型肉羊新品种。具有耐粗饲、抗逆性强、肉用性能良好、繁殖率高、产毛性能较好等特点，适合我国北方牧区季节性放牧加补饲饲养方式，昭乌达肉羊羊肉具有"鲜而不腻、嫩而不膻、肥美多汁、爽滑绵软"的特点，是低脂肪高蛋白健康食品（胡大君，2013）。

昭乌达肉羊（公羊）

昭乌达肉羊（母羊）

昭乌达肉羊（群体）

【产地条件】

昭乌达肉羊原产于内蒙古自治区。核心产区位于内蒙古自治区东部，主要分布在赤峰市克什克腾旗、阿鲁科尔沁旗、巴林右旗、翁牛特旗牧区。产区海拔高300~2 000m，年降水量300~500mm。产区属中温带半干旱大陆性季风气候区，冬季漫长而寒冷，春季干旱多大风，夏季短促炎热、雨水集中，秋季短促、气温下降快、霜冻降临早，大部地区年平均气温为0~7℃，最冷月（1月）平均气温为-10℃左右，极端最低气温-27℃；最热月（7月）平均气温在20~24℃。大部地区年日照时数为2 700~3 100h，每当5~9月天空无云时，日照时数可长达12~14h。产区拥有草原面积576万hm²，草牧场生态环境优越，野生植物种类繁多，共有野生植物1 863种，其中739种植物具有饲用价值。羊只饮用水以无污染的河水及地下水为主，富含多种对羊只有益的微量元素。

【外貌特征】

昭乌达肉羊为肉毛兼用羊，体格较大，体质结实，结构匀称，呈圆桶型，胸部宽而深，背部平直，臀部宽广，四肢结实，后肢健壮，肌肉丰满，肉用体型明显。具有早熟性，被毛白色，闭合良好，公、母羊均无角，颈部无皱褶或有1~2个不明显的皱褶，头部至两眼联线、前肢至腕关节和后肢至飞节均覆盖有细毛，被毛洁白，密度适中，细度均匀，以64支纱为主，有明显的正常弯曲，油汗呈白色或乳白色，腹毛着生呈毛丛结构（魏景钰，胡大君，隔日勒图雅，2013）。

【体重体尺】

昭乌达肉羊体重体尺测定如表2-3所示。

表2-3　昭乌达肉羊体重体尺测定表

性别	年龄	体重（kg）	体高（cm）	体长（cm）	胸围（cm）
	6月龄	40	65	70	75
公羊	育成羊	70	75	85	95
	成年羊	95	80	90	120

（续表）

性别	年龄	体重（kg）	体高（cm）	体长（cm）	胸围（cm）
	6月龄	33	62	65	70
母羊	育成羊	43	65	70	90
	成年羊	55	66	70	95

注：昭乌达肉羊品种验收材料2010年昭乌达肉羊主产区4个旗县核心群体重体尺测定结果统计平均值

【产肉性能】

昭乌达肉羊屠宰性能测定如表2-4所示。

表2-4　昭乌达肉羊屠宰性能测定表

性别	宰前活重（kg）	胴体重（kg）	屠宰率（%）	净肉率（%）	骨肉比
公羊	40.7	18.9	46.4	76.3	1∶3.8
母羊	33.5	14.8	44.2	74.1	1∶3.4

注：昭乌达肉羊品种验收材料昭乌达肉羊产肉性能检测265只6月龄公羔和100只6月龄母羔测定结果平均值

【繁殖性能】

昭乌达肉羊公羊9月龄性成熟，母羊则为7月龄，母羊12月龄可进行第一次配种。季节性发情，母羊平均发情周期为16~18d，发情持续期为24~48h，妊娠期平均为148d，经产母羊产羔率135%以上。在加强补饲情况下，母羊可以实现二年三胎。

【应用状况】

昭乌达肉羊经过漫长的选育过程，于2011年通过国家畜禽遗传资源委员会审定，2012年3月2日，中华人民共和国农业部公告第【1731】号正式颁布。2015年6月昭乌达肉羊通过中华人民共和国农产品地理标志登记，依法实施保护。2010年9月内蒙古自治区质量技术监督局发布了《昭乌达肉羊》地方标准（DB15/T 475-2010），该标准规定了昭乌达肉羊的品种特性和主要生产性能。

2012年6月末，在昭乌达肉羊核心育种区共存栏昭乌达肉羊50万只，昭乌达肉羊存栏总数达到80万只以上。2015年，赤峰市昭乌达肉羊存栏量达到200万只。昭乌达肉羊改良本地改良型细毛羊、蒙古羊，杂交羔羊生产性能明显提高（魏景钰，胡大君，隔日勒图雅，2013）。

昭乌达肉羊养殖效益高，根据昭乌达肉羊养殖效益分析，养殖1只昭乌达肉羊母羊纯利润286元，养殖1只昭乌达肉羊育成公羊纯利润703元，育肥1只昭乌达肉羊羔羊纯利润134元。目前，昭乌达肉羊已推广到新疆、甘肃、黑龙江、辽宁等地（胡大君，2013）。

（李瑞编写）

第三节 察哈尔羊

【品种概要】

察哈尔羊（Chahar Sheep）是在内蒙古自治区锡林郭勒盟南部细毛羊核心养殖区，以内蒙古细毛羊为母本，德国肉用美利奴羊为父本，经多年选育而成的优质肉毛兼用羊新品种。具有肉毛兼用、生长发育快、繁殖率高、耐粗饲、适应性强、产肉性能高、肉质好，适合干旱半干旱草原放牧加补饲饲养，养殖效益高等特点。

察哈尔羊（公羊）

察哈尔羊（母羊）

察哈尔羊（群体）

【产地条件】

察哈尔羊主要分布在锡林郭勒盟镶黄旗、正镶白旗、正蓝旗。三旗草场面积19 953km²，其中可利用草场18 049km²，场类型属于荒漠、半荒漠草原。气候属中温带半干旱大陆性气候，年降水量200~400mm，无霜期100~120d，年平均气温0~4℃，土质肥沃，光照充足、水热同期，日温差和年降水变率大。地形以高平原、缓丘陵为主，平均海拔900~1 300m，土壤以栗钙土为主。察哈尔羊育种核心区总人口18.67万人，其中有蒙古族7.31万人，占育种区总人口的39.2%；牲畜存栏数132.2万头只，其中羊存栏100.9万只；察哈尔羊育种区目前年人均收入7 088元，其中养羊收入占年人均总收入的60%以上。

【外貌特征】

头清秀，鼻直，脸部修长；体格较大，四肢结实、发达，结构匀称，胸宽深，背长平，后躯宽广，肌肉丰满，肉用体型明显。公羊、母羊均无角，颈部无皱褶或有1~2个不明显的皱褶；头部细毛着生至两眼连线，额部有冠状毛丛，被毛着生前肢至腕关节，后肢至飞节。被毛为白色，毛丛结构闭合性良好，密度适中，细度均匀，以20.1~23.0μm为主。弯曲明显，呈大弯或中弯；油汗白色或乳白色，含量适中；腹毛着生良好，呈毛丛结构，无环状弯曲。

【体重体尺】

察哈尔羊体重体尺测定如表2-5所示。

表2-5　察哈尔羊体重体尺测定表

性别	年龄	体重（kg）	体高（cm）	体长（cm）	胸围（cm）
公羊	6月龄	38.76 ± 5.01	65.28 ± 4.05	66.48 ± 3.42	83.19 ± 3.93
	周岁	57.40 ± 5.17	68.53 ± 3.25	71.23 ± 3.98	100.25 ± 4.26
	2岁	91.87 ± 6.56	77.13 ± 3.31	81.85 ± 4.06	114.29 ± 5.71
母羊	6月龄	35.53 ± 5.78	58.32 ± 2.95	62.53 ± 4.95	75.78 ± 3.88
	周岁	46.20 ± 5.05	64.49 ± 3.27	68.37 ± 3.47	96.97 ± 3.46
	2岁	65.26 ± 7.51	67.53 ± 3.59	73.87 ± 3.80	109.82 ± 5.74

注：2012年，共测定公羊1 096只、母羊6 652只

【产肉性能】

察哈尔羊屠宰性能测定如表2-6所示。

表2-6　察哈尔羊屠宰性能测定表

性别	宰前活重（kg）	胴体重（kg）	屠宰率（%）	净肉率（%）	骨肉比
30月龄母羊	66.67 ± 4.64	33.32 ± 2.98	49.98 ± 2.71	38.23 ± 1.96	0.26 ± 0.03
18月龄母羊	56.31 ± 2.68	26.6 ± 1.55	47.24 ± 1.70	36.12 ± 1.70	0.29 ± 0.03
6月龄母羊	38.35 ± 1.74	18.11 ± 1.13	47.22 ± 1.39	35.07 ± 1.43	0.34 ± 0.02
6月龄公羊	44.68 ± 3.51	21.17 ± 1.79	47.38 ± 2.66	35.14 ± 2.08	0.35 ± 0.01

注：2012年9月测定公羊15只、母羊55只

【繁殖性能】

初产母羊产羔率126.4%，经产母羊平均繁殖率为147.2%。公羊初情期在8月龄，母羊在6月龄。适合配种期公羊为9月龄，母羊为7月龄。公羊平均每次射精量1.1ml左右，精子密度3.09×10^9个以上，精子活力0.7以上。母羊发情周期平均为17d，妊娠期148d。母羊发情相对集中于8~10月，9月为发情旺期。

【应用状况】

从1996年开始，察哈尔羊育种区开展大规模引进德国肉羊美利奴种公羊，对偏肉型杂种细毛羊进行级进杂交。2001—2010年，发现和挑选基本符合理想型的种公母羊，边杂交、边固定。从2010—2013年，转入自群繁育，对横交繁育的后代进行严格筛选，使得优良特性得以巩固，遗传性能得到稳定。察哈尔羊核心养殖区镶黄旗、正镶白旗、正蓝旗2012年6月末牲畜总头数达到132万只。其中察哈尔成年母羊25.84万只。

2009年锡林郭勒盟行政公署进一步修订完善了《察哈尔羊新品种培育方案》并上报自治区农牧业厅，2013年4月《察哈尔羊品种标准》审定颁布。2013年9月24日，国家畜禽遗传资源委员会羊专业委员会有关专家，对察哈尔羊新品种进行现场审定。专家认为察哈尔羊新品种符合国家《畜禽新品种、配套系审定和遗传资源鉴定》的相关要求，上报国家畜群遗传资源委员会，并于2014年1月27日通过审定正式命名。

据察哈尔羊育种养殖户统计，牧民养殖察哈尔羊效益得到显著提高。既提高了产肉性能，又保住了原有羊只细毛品质，增加了牧民收入，实现了"肉毛双高产"。察哈尔羊的饲养方式是季节性放牧与补饲相结合，羔羊当年出栏，减少了在草原上的放牧期限，缓解了草牧场的过牧现象，有利于草原生态保护，促进草原牧区畜牧业转型和提质增效，发展现代草原畜牧业。

（金海编写）

第四节 简州大耳羊

【品种概要】

简州大耳羊（Jianzhou Big-ear Goat）是我国自主培育成功的第二个国家级肉用山羊品种（农业部[2013]第1907号公告），具有肉用体型明显、生长发育快、繁殖力高、抗逆性好、适应性强、产肉性能好、肉质细嫩、肉质优良、板皮品质优、遗传性稳定等优点。今后应进一步加强选育和提高生产性能，扩大种群数量。

简州大耳羊（公羊）

简州大耳羊（母羊）

简州大耳羊（群体）

【产地条件】

简州大耳羊原产于四川省简阳市。该市位于四川盆地西部龙泉山脉东麓，沱江中游地段，地形地貌以浅丘为主，其次为低丘和河坝冲积平原，丘陵约占总面积的88.13%，属亚热带温暖湿润季风气候，具有冬无严寒，日照充足，雨量充沛，四季分明的特点。海拔630~1 050m，年平均气温17.1℃，年平均降水量882.9mm，平均相对湿度77%，无霜期300d以上，年日照平均为1 250h。土地肥沃，物产丰富，是四川粮经作物主要产区，草山草坡、林间田隙野生牧草和农副作物秸秆等饲草料资源非常丰富。

【外貌特征】

体格高大，体躯匀称、呈长方形，体质结实，结合良好。头中等大，眼大有神，鼻梁微隆，耳大下垂，耳长15~20cm，有角或无角，公羊角粗大，向后弯曲并向两侧扭转，母羊角较小，呈镰刀状，成年公羊下颌有毛髯，部分羊颌下有肉髯；头、颈、肩结合良好，背腰平直、前胸深广、尻部略斜；四肢健壮，肢势端正、蹄质坚实。全身被毛呈黄褐色、毛短而富有光泽，腹部及四肢有少量黑毛，在冬季被毛内层着生短而细的绒毛；颜面毛色黄黑，两侧有一对称的浅色毛带。公羊雄壮，睾丸发育良好、匀称；母羊体质清秀、乳房发育良好，多呈球形或梨形，乳头大小适中、分布均匀。

【体重体尺】

简州大耳羊体重体尺测定如表2-7所示。

表2-7 简州大耳羊体重体尺测定表

性别	年龄	体重（kg）	体高（cm）	体长（cm）	胸围（cm）
公羊	6月龄（70只）	29.69	60.12	64.76	70.63
	周岁（68只）	47.51	72.20	75.88	81.19
	成年（115只）	72.63	79.83	87.17	92.83
母羊	6月龄（345只）	23.20	60.00	58.76	63.89
	周岁（341只）	35.10	63.49	67.45	74.02
	成年（1 670只）	48.73	71.40	74.70	82.80

注：引自《简阳大耳羊—品种选育与示范应用研究》，括号内为测定羊只数

【产肉性能】

简州大耳羊屠宰性能测定如表2-8所示。

表2-8　简州大耳羊屠宰性能测定表

性别	宰前活重（kg）	胴体重（kg）	屠宰率（%）	净肉率（%）	骨肉比
6月龄羯羊	27.53	13.11	47.73	36.66	1：2.99
8月龄羯羊	37.32	18.68	50.06	39.98	1：2.54
成年公羊	68.12	35.41	51.98	40.14	1：2.95
成年母羊	44.53	21.91	49.20	37.93	1：2.97

注：引自《简阳大耳羊—品种选育与示范应用研究》，各组屠宰数均为5只，羯羊为放牧加补饲

【繁殖性能】

公羊初配年龄8~10月龄，母羊为6月龄，发情持续期为48.62h，妊娠期为148.66d。据1 564只母羊4个胎次的统计，平均年产1.75胎，平均产羔率222.74%，初产母羊153.27%以上，经产母羊242.50%。各胎平均产羔率是单羔占23%、双羔占43.46%、三羔占37.89%、四羔占1.38%、五羔占0.6%，六羔占0.6%。

【应用状况】

该品种羊早在20世纪30年代就开始利用引进英国努比亚山羊与本地山羊进行级进杂交。1982年简阳市政府多经办、简阳市畜牧食品局与四川农业大学共同组成联合调查组，对该群体进行了调查研究和现场测定，于同年邀请有关专家对调研成果进行了鉴定，并将其命名为"简阳大耳羊"。1984年和1985年该市分别从英国引入90只努比亚山羊继续进行改良提高。在省、部有关科研和畜牧主管部门的大力支持下，采取政（简阳市畜牧食品局）、校（西南民族大学、四川农业大学）、院（四川省畜牧科学研究院、四川省畜牧总站）、企（四川省简阳大哥大牧业有限公司、四川正东农牧集团有限责任公司等）联合育种方式开展了全面、系统的新品种选育及其配套技术研究工作，并于2013年通过农业部品种审定，并被命名为"简州大耳羊"。2013年存栏34.62万只。近年来，重庆、云南、贵州、湖南等20多个省、市、区均有引进，年外调种羊数量5万只左右。

（徐刚毅编写）

第五节　南江黄羊

【品种概要】

南江黄羊（Nanjiang Yellow Goat）是我国首个自主培育成功的国家级肉用山羊品种（农业部[1998]第5号），具有肉用体型明显、生长快、繁殖力高、产肉性能好、肉质优良、板皮品质优、遗传性稳定和适应性强等优点，今后应进一步加强选育，提高早期生长发育和产肉性能。

南江黄羊（公羊）

南江黄羊（母羊）

南江黄羊（群体）

【产地条件】

南江黄羊原产于四川省南江县，主要分布在南江县及邻县。主产区地处秦巴山区的大巴山南麓，位于四川盆地北部边缘川、陕交界处，属北亚热带温暖湿润季风气候类型，具有早春寒潮、夏短冬长、秋雨连绵特点，常有伏旱，隆冬降雪的气候特点。主产区海拔800~1 500m，年平均气温16.2℃，最高气温39.5℃，最低气温-7.1℃，年平均降水量1 400mm，平均相对湿度72%，无霜期259d，年日照平均为1 570h。农作物主要以水稻、玉米、小麦、洋芋和豆类作物为主，森林覆盖面积和可利用草山草坡面积大，牧草种类和灌丛枝叶多，饲草料资源非常丰富。

【外貌特征】

体格大、体躯匀称、呈圆筒状，骨骼结实，肌肉发达。头中等大小，眼大有神，鼻梁微隆，耳直立、部分羊耳微下垂；头、颈、肩结合良好、背腰平直、前胸深广、尻部略斜；四肢健壮，肢势端正、蹄质坚实。全身被毛呈黄褐色、毛短而富有光泽，冬季内层着生绒毛，颜面毛色黄黑，两侧有一对称的浅色毛带。公羊雄壮，颈下、前胸和四肢上端着生黑黄色粗长被毛，自头顶沿背脊有一条黑色毛带，十字部后渐浅；睾丸发育良好、对称；母羊体躯结构紧凑，体质细致结实，颜面清秀，乳房多呈梨形、发育良好，乳头大小适中、分布均匀。公、母羊中有角约占90%、无角占10%，角向上向后呈"八"字形，公羊角呈弓状弯曲。公、母羊有毛髯，部分羊有肉髯。

【体重体尺】

南江黄羊体重体尺测定如表2-9所示。

表2-9　南江黄羊体重体尺测定表

性别	年龄	体重（kg）	体高（cm）	体长（cm）	胸围（cm）
	6月龄（30只）	27.40	58.70	61.07	67.56
公羊	周岁（61只）	37.61	64.89	67.75	75.82
	2岁（42只）	66.87	76.65	79.82	93.13

（续表）

性别	年龄	体重（kg）	体高（cm）	体长（cm）	胸围（cm）
	6月龄（296只）	22.82	53.88	56.70	62.29
母羊	周岁（571只）	30.53	60.08	63.15	70.01
	2岁（1 314只）	45.64	67.72	71.71	83.05

【产肉性能】

南江黄羊屠宰性能测定如表2-10所示。

表2-10　南江黄羊屠宰性能测定表（羯羊）

年龄	宰前活重（kg）	胴体重（kg）	屠宰率（%）	净肉率（%）	骨肉比
6月龄（10只）	21.55	9.71	47.01	32.90	1∶3.70
12月龄（14只）	30.29	14.97	49.41	37.79	1∶3.07

【繁殖性能】

南江黄羊的性成熟早，繁殖力高，6~8月龄可配种，最佳初配年龄公羊为12~18月龄、母羊为6~8月龄。据194只产羔母羊948个胎次统计，平均年产1.93胎，平均产羔率194.6%，初产母羊138.5%以上，经产母羊192.8%~226.8%，经产母羊产双羔率占81.9%以上。母羊常年发情，春、秋两季更为集中。

【应用状况】

南江黄羊的选育起始于1954年，至1972年，该县先后3次从成都、汶川、大邑等地引入成都麻羊、金堂黑山羊以及含有努比亚山羊血缘的杂种羊对本地山羊进行改良，同时开展杂交选育和培育工作。1973年初步形成品种类型羊5 900只，并取名为"南江黄羊"。1982年品种类型羊增加到4.56万只，其中选育基础群羊3 548只。2004年存栏约有57万只。1991—1995年实施部、省"科技兴牧"和"丰收计划"期间，向全省111个县、区和湖南、安徽、江苏、贵州等15个省（区）推广种羊14 729只，为南江黄羊的发展起到了积极的示范推广作用。

20世纪80年代以来，省、部有关科研和畜牧主管部门相继开展了一系列有关南江黄羊选育和开发利用研究等课题，并组成专家技术组，全面、系统地指导南江黄羊的品种选育及其配套技术研究工作，加大品种的应用和推广，取得了很多成果，为南江黄羊在全国范围内的推广和利用提供了强有力的技术支持。1996年11月通过国家畜禽遗传资源管理委员会羊品种审定委员会审定，1998年4月经农业部批准正式命名，2011年收入《中国畜禽遗传资源志•羊志》。我国2004年发布了《南江黄羊》行业标准（NY 809-2004），该标准具体规定了南江黄羊的品种特性和等级评定，适用于南江黄羊的品种鉴定和种羊等级评定。

（徐刚毅编写）

第一节　苏尼特羊

【品种概要】

苏尼特羊（Sunite Sheep）又称戈壁羊，是肉脂兼用粗毛型绵羊地方品种，因蒙古苏尼特氏族部落在此定居而得名。具有耐寒、抗旱、适应性强、肉鲜嫩多汁、无膻味、胴体丰满，肉层厚实紧凑、高蛋白、低脂肪、瘦肉率高、板皮厚等优点，但也存在生长速度慢、体型较小等缺点。

苏尼特羊（公羊）　　　　　　　　　　苏尼特羊（母羊）

苏尼特羊（群体）

【产地条件】

苏尼特羊的主要产区在内蒙古苏尼特右旗、左旗，乌兰察布市的四子王旗，巴彦淖尔市的乌拉特中旗和包头市的达茂联合旗等地。中心产区位于北纬42°58′~45°06′、东经112°12′~115°12′。地处锡林郭勒盟西北部，地形北部偏高，海拔1 000~1 300m。属中温带半干旱大陆性气候，春季多风、夏季炎热、冬季寒冷。年平均气温3.3℃，最低气温-36℃，最高气温39.3℃，无霜期148d。年降水量197mm，年平均日照数3 177h。春季多沙尘暴，年平均风沙日110d，平均风力4级左右。地下水资源总量约338亿m³。产区土质为暗棕色钙土和淡棕色土。中心产区以荒漠化草原和半荒漠化草原为主，面积大、植被稀疏，天然牧草有蒿、碱葱、沙葱、冰草等。

【外貌特征】

产区从东向西苏尼特羊体格由大变小。头大小适中，个别母羊有角基，部分公羊有角且粗大。鼻梁隆起，眼大明亮，颈部粗短，种公羊颈部发达，毛长达15~30cm。体质结实，结构匀称，骨骼粗壮，背腰平直，体躯宽长，呈长方形，后驱发达，大腿肌肉丰满，四肢强壮有力。脂尾小，呈纵椭圆形，中部无纵沟，尾端细而尖且向一侧弯曲。被毛为异质毛，毛色洁白，头颈部、腕关节和飞节以下、脐带周围长有色毛，以黑、黄为主。

【体重体尺】

苏尼特羊体重体尺测定如表3-1所示。

表3-1　苏尼特羊体重体尺测定表

性别	年龄	体重（kg）	体高（cm）	体长（cm）	胸围（cm）
公羊	6月龄	34.6 ± 8.9	65.1 ± 5.2	66.9 ± 9.9	74.5 ± 7.1
	周岁	53.8 ± 7.3	72.2 ± 3.9	79.3 ± 6.0	90.3 ± 5.0
	2岁	66.6 ± 11.4	75.7 ± 3.9	84.3 ± 5.4	95.7 ± 4.8
母羊	6月龄	32.0 ± 7.4	63.3 ± 3.9	64.6 ± 5.2	74.5 ± 7.0
	周岁	48.2 ± 8.4	69.7 ± 2.7	76.2 ± 5.8	86.3 ± 5.1
	2岁	57.0 ± 9.8	70.8 ± 3.7	77.2 ± 4.5	92.5 ± 7.1

注：2015年10月在四子王旗、苏尼特右旗、左旗测定6月龄、周岁、2岁，公、母羊各10只

【产肉性能】

苏尼特羊屠宰性能测定如表3-2所示。

表3-2　苏尼特羊屠宰性能测定表

性别	宰前活重（kg）	胴体重（kg）	屠宰率（%）	净肉率（%）	骨肉比
公羊	51.60 ± 3.22	25.00 ± 1.96	48.30 ± 1.79	38.00 ± 0.02	1：3.56
母羊	47.70 ± 5.15	22.50 ± 2.91	47.10 ± 0.02	36.80 ± 0.02	1：3.45

注：2013年10月15日在内蒙古苏尼特左旗原种场屠宰苏尼特育成母羊27只、育成羯羊33只

【繁殖性能】

苏尼特羊公、母羊均是5~7月龄性成熟，1.5周岁达到初配年龄。属季节性发情，多集中在9~11月。母羊发情周期15~19d，妊娠期144~158d；年平均产羔率113%，羔羊成活率99%。初生重公羔4.4kg，母羔3.9kg；断奶重公羔36.2kg，母

羔34.1kg。

【应用状况】

自13世纪以来，苏尼特部落一直游牧生活在戈壁，经过漫长的自然选择和人工选育，最终形成了适合戈壁自然条件的优良绵羊品种。1997年内蒙古自治区人民政府验收命名为"苏尼特羊"新品种，数量达191.4万只。2007年，苏尼特羊肉被列为国家地理标志保护产品。苏尼特羊对恶劣环境具有较强的适应性，加之产肉性能好，肉质优良，近年来生产性能及存栏量均有较大幅度提高，至2008年年底存栏量达220.6万只。现采用保种场保护，并在锡林郭勒盟苏尼特左旗建立了苏尼特羊保种场。至2010年有苏尼特种公羊800只、种母羊1 350只，年产种羊1 500只。经多年的纯种扩繁、推广示范，群体数量不断增加。

2011年，内蒙古自治区苏尼特右旗投入200多万元加大苏尼特种公羊基地建设。以苏尼特种羊畜场为龙头，辐射周围8个嘎查，建立苏尼特羊种畜繁育供种基地，在进一步巩固提高51个种公羊集中管理点的情况下，不断深入推进"合作社所有、专业户饲养、牧户有偿使用、独立核算"的管理模式。

（刘永斌编写）

第二节　乌珠穆沁羊

【品种概要】

乌珠穆沁羊（Ujimqin Sheep）是肉脂兼用、短脂尾、粗毛型绵羊地方品种。该品种是在内蒙古自治区锡林郭勒盟东北部水草丰满的乌珠穆沁草原上经过长期的选育逐渐形成的蒙古羊后裔的一个优良类型。以生产优质羔羊肉而著称，具有体重、尾大、肉多、生长快、肉质好等优良特性。

乌珠穆沁羊（公羊）

乌珠穆沁羊（母羊）

乌珠穆沁羊（群体）

【产地条件】

乌珠穆沁羊原产于乌珠穆沁草原，主要分布于东乌珠穆沁旗、西乌珠穆沁旗、阿巴哈纳尔旗以及阿巴嘎旗部分地区。现主要分布于东乌珠穆沁旗、西乌珠穆沁旗、锡林浩特市、乌拉盖农牧场管理局等地。乌珠穆沁草原处于蒙古高原大兴安岭西麓，海拔800~1 500m，南部多低山丘陵，北部多广阔平原盆地。属于中温带干旱、半干旱大陆性气候，具有严寒、少雨、风大等气候特点。无霜期92~133d（5月中旬至9月上旬）。全年降水300mm左右，多集中在7月和8月。冬季积雪厚度平均月40cm，积雪期一般为120~150d。该区域水草比较充足，共有大小河流30多条，水泉100余眼，湖泊约200个。河流、水泉、湖泊水量充足、水质良好，可供饮用。土壤大部分为黑土和栗钙土。由于水热及土壤等条件，主要植被为多年生草本植物，牧草生长茂盛，草场牧草以禾本科为主，此外尚有豆科、菊科等。

【外貌特征】

乌珠穆沁羊为脂尾肉用粗毛绵羊品种。分体躯宽长的矮腿型和体高身长的高腿型。体质结实，体躯深长，肌肉丰满。公羊少数有螺旋形角，母羊无角。耳宽长，鼻梁微拱。胸宽而深，肋骨拱圆。背腰宽平，后躯丰满。尾大而厚，尾宽过两腿，尾尖不过飞节。四肢端正，蹄质坚实。体躯被毛为纯色毛，头部毛以白色、黑褐色为主。腕关节、飞节以下允许有杂色毛。

【体重体尺】

乌珠穆沁羊体重体尺测定如表3-3所示。

表3-3　乌珠穆沁羊体重体尺测定表

性别	年龄	体重（kg）	体高（cm）	体长（cm）	胸围（cm）
公羊	6月龄	40.1±6.0	67.2±3.1	67.3±3.4	83.7±6.6
	周岁	61.7±6.2	75.7±3.3	79.3±2.9	93.2±7.5
	2岁	68.2±5.2	78.2±3.1	80.4±4.7	99.0±4.0

（续表）

性别	年龄	体重（kg）	体高（cm）	体长（cm）	胸围（cm）
	6月龄	36.0 ± 3.9	67.6 ± 2.5	69.3 ± 2.5	77.0 ± 3.1
母羊	周岁	51.3 ± 5.4	70.8 ± 1.3	74.6 ± 2.3	86.2 ± 5.6
	2岁	55.0 ± 5.0	72.2 ± 2.8	78.2 ± 1.5	90.2 ± 5.0

注：2015年10月东乌珠穆沁旗测定6月龄、周岁、2岁、公、母羊各10只

【产肉性能】

乌珠穆沁羊屠宰性能测定如表3-4所示。

表3-4 乌珠穆沁羊屠宰性能测定表

性别	宰前活重（kg）	胴体重（kg）	屠宰率（%）	净肉率（%）	骨肉比
公羊	39.60 ± 2.05	18.96 ± 1.48	47.88 ± 1.43	36.71 ± 1.35	1 : 3.29
母羊	35.50 ± 2.58	16.69 ± 2.02	47.02 ± 1.58	36.54 ± 1.44	1 : 3.49

注：2014年东乌珠穆沁旗屠宰6月龄公羔100只、6月龄母羔47只

【繁殖性能】

乌珠穆沁羊公、母羊均是5~7月龄性成熟，初配年龄为18月龄。母羊多集中在9~11月发情，发情周期15~19d，发情持续24~72h，妊娠期149d左右；年平均产羔率113%，羔羊成活率99%。初生重公羔4.4kg，母羔3.9kg；100日龄断奶重公羔36.3kg，母羔34.1kg；哺乳期公羔日增重320g，母羔300g。

【应用状况】

1986年被内蒙古自治区人民政府正式验收命名为国家级标准的"乌珠穆沁羊"地方优良品种，1989年收录入《中国羊品种志》，在2000年被农业部确定为国家级畜禽资源保护品种，2008年6月发布了《乌珠穆沁羊》国家标准。

内蒙古自治区东乌珠穆沁旗从2005年开始加强乌珠穆沁羊选育提高工作，并取得了一定成效。据2009年牧业年度统计，全旗鉴定合格的乌珠穆沁羊存栏达到212.2万只，全旗2010年有标准化畜群2 800个，基础母羊117.6万只；种公羊生产专业户320个，基础母羊11.2万只，年生产种用后备公羔2.5万只；种公羊集中管理群44个，共集中种公羊1.53万只。乌珠穆沁羊良种比重从2006年的95.24%提高

到2009年的97.82%。抓紧选育工作的同时，东乌珠穆沁旗每年组织专业技术人员对种公羊进行鉴定和淘汰更新。为加强乌珠穆沁羊选育，进一步规范种公羊集中管理工作，东乌珠穆沁旗研究制定了种公羊管理办法，建立健全标准化畜牧养殖户档案。全旗2010年有标准化畜群2 800群，基础母羊117.6万只，其中二级以上基础母羊占86%。

（刘永斌编写）

第三节 呼伦贝尔羊

【品种概要】

呼伦贝尔羊（Hulun Buir Sheep）为绵羊，根据尾巴特点，分短尾系和巴尔虎系。经过长期的自然选择和人工选育，呼伦贝尔羊具有体大、早熟、耐寒、易牧、抗逆性强等特点。呼伦贝尔羊，肉无膻味，肉质鲜美，营养丰富。据内蒙古农牧业渔业生物实验研究中心检验，呼伦贝尔羊肉化学成分中，脂肪酸的不饱和程度低，脂肪品质好。肌肉的脂肪酸主要由豆蔻酸、软脂酸、硬脂酸，油酸和亚麻酸组成，占91.5%。各种氨基酸含量较高，特别是谷氨酸和天门冬氨酸的相对含量比其它羊肉高，使呼伦贝尔羊肉口感鲜美。

呼伦贝尔羊（公羊）

呼伦贝尔羊（母羊）

呼伦贝尔羊（群体）

【产地条件】

呼伦贝尔羊形成和繁衍于水草丰美的呼伦贝尔大草原，是草原牧区广大牧民赖以生存和发展的物质基础，主要分布内蒙古呼伦贝尔市新巴尔虎左旗、新巴尔虎右旗、陈巴尔虎旗、鄂温克旗自治旗。

呼伦贝尔市地处东经115°31′~126°04′、北纬47°05′~53°20′。东西630km、南北700km，总面积25.3万km²，占自治区面积的21.4%，呼伦贝尔属亚洲中部蒙古高原的组成部分。大兴安岭以东北——西南走向纵贯呼伦贝尔市中部，呼伦贝尔羊分布在大兴安岭以西的呼伦贝尔大草原，岭西地区是草原畜牧业经济区，海拔550~1 000m；土壤多是黑钙土，适于发展种植业，能够为畜牧业发展提供充足的饲草料。

【外貌特征】

体格强壮，结构匀称，头大小适中，鼻梁微隆，耳大下垂，颈粗短，四肢结实，大腿肌肉丰满，后躯发达。背腰平直，体躯宽深，略呈长方形。被毛白色，为异质毛，头部、腕关节及飞节以下允许有有色毛。公羊部分有角，母羊无角。尾巴呈半椭圆状和小桃状。

【体尺体重】

一级呼伦贝尔羊体尺体重最低指标如表3-5所示，二级呼伦贝尔羊体尺体重最低指标如表3-6所示。

表3-5　一级呼伦贝尔羊体尺体重最低指标

羊别	体高（cm）	体长（cm）	胸围（cm）	体重（kg）
成年公羊	72	75	100	82
成年母羊	67	72	92	62
育成公羊	68	72	90	62
育成母羊	65	70	88	52

表3-6　二级呼伦贝尔羊体尺体重最低指标

羊别	体高（cm）	体长（cm）	胸围（cm）	体重（kg）
成年公羊	64	70	90	65
成年母羊	60	66	86	55
育成公羊	60	66	82	52
育成母羊	58	64	80	42

【产肉性能】

呼伦贝尔羊羯羊产肉性能如表3-7所示。

表3-7　呼伦贝尔羊羯羊产肉性能表

羊别	胴体重（kg）	屠宰率（%）	净肉率（%）
18月龄羯羊	27	50	41
6月龄羯羊	16	47	38

【繁殖性能】

呼伦贝尔羊公羊和母羊分别在8月龄和7月龄达到性成熟，但适配年龄为18月龄。季节性发情，母羊发情周期平均17d，发情持续期24~48h，妊娠期平均150d，经产母羊产羔率为110%。

【应用状况】

呼伦贝尔羊目前存栏520万只，广泛分布在内蒙古呼伦贝尔市新巴尔虎左旗、新巴尔虎右旗、陈巴尔虎旗、鄂温克旗自治旗、额尔古纳市、海拉尔区。

（张志刚编写）

第四节　乌冉克羊

【品种概要】

乌冉克羊（Wuranke Sheep）是草原放牧型绵羊的一种类型群。在长期自然选择和人工选择下，乌冉克羊具有体格大、产肉性能好、抗旱、抗灾能力强，体质粗壮结实的特征。

乌冉克羊（公羊）　　　　　　　　　　乌冉克羊（母羊）

乌冉克羊（群体）

【产地条件】

阿巴嘎旗地处内蒙古锡林郭勒盟中北部，东经113°27′~116°11′，北纬

43°04′~45°26′。东与东乌旗、锡林浩特市为邻；南与正蓝旗接壤；西与苏尼特左旗毗连；北与蒙古国交界，国境线长175km。全境南北长约260km，东西宽约110km，总面积2.75万km²。

阿巴嘎旗地形系蒙古高原低山丘陵区，地势由东北向西南倾斜，平均海拔1 127m。从形态上可划分为低山丘陵、高平原、熔岩台地、沙地四个类形，兼有多种地貌单元组成的地区，没有明显的山脉和沟壑，地势呈波状起伏。地形东北高西南低，海拔960~1 500m，最高点海拔1 648m。从形态和成因上可划分为四个类型：低山丘陵、高平原丘陵、熔岩台地、沙丘沙地。

阿巴嘎旗地处中纬度西风气流带内，气候属中温带半干旱大陆性气候。主要特点是冷暖剧变，昼夜温差大，降水量少，蒸发量大，春秋两季多寒潮大风，冬季寒冷漫长，夏季温凉短促。年平均温度0.7℃，年平均相对湿度59%，年照时数3 126.4h，年平均降水量244.7mm。年平均无霜期103d，降雪期217d，年平均风速3.5m/s。

阿巴嘎旗98%的土地被原始植被覆盖，其中可利用草场面积27 024万km²，占总面积98.2%，可划分为4个大类、14个草场组、37个草场型。年平均产草量60~80kg/亩，是内蒙古自治区十大天然牧场之一。

阿巴嘎旗总人口43 949人，有蒙古、汉、回、满、达斡尔、鄂温克、壮、藏等8个民族，其中城镇人口21 805人，占总人口的51%，牧业人口21 233人，占总人口40%，蒙古族23 381人，占总人口54%，汉族18 864人，占总人口43%。

【外貌特征】

乌冉克羊来源于喀尔喀蒙古羊血统，现主要分布在阿巴嘎旗北部的吉尔嘎朗图、巴音图嘎、伊和高勒、额尔敦高毕苏木。乌冉克羊体格大，体质结实，眼大，鼻梁隆起，额宽，耳大下垂，颈部粗短。体躯深长，后躯发达，肌肉丰满，四肢粗短。公羊多数有弯曲形角，母羊一般无角。种公羊的颈部粗毛发达，毛长20~30cm，背腰平直，胸深而宽。脂尾呈圆形或纵椭圆形，尾中线有纵沟，尾尖细小而向上卷曲，并紧贴于尾端纵沟里。体躯毛色洁白，但头颈部、前后膝关节下部多有色毛。头黑花头、黄花头居多。

【体尺体重】

乌冉克羊体尺体重如表3-8所示。

表3-8 乌冉克羊体尺体重表

羊别	体高（cm）	体长（cm）	胸围（cm）	体重（kg）
成年公羊	71.3	75.8	101.3	77.3
成年母羊	66.3	71.4	92.7	60.1
6月龄公羊	62.4	65.8	81.5	42.4
6月龄母羊	62.0	66.0	79.4	41.7
1.5岁母羊	65.3	69.2	88.1	51.6
1.5岁羯羊	69.5	73.2	92.9	60.9

【产肉性能】

乌冉克羊产肉性能如表3-9所示。

表3-9 乌冉克羊产肉性能

性别	宰前活重（kg）	胴体重（kg）	屠宰率（%）	净肉率（%）	骨肉比
公	77.30	41.26	53.38	47.80	1：4.32
母	60.10	30.65	51.00	42.00	1：4.66

【繁殖性能】

乌冉克羊性成熟早，一般出生后6~7月龄性成熟，母羔比公羔成熟略早，公母羊均在1.5岁开始配种，繁殖年限7岁左右，发情期为17~21d，发情持续期平均为44h。母羊的发情季节和公羊的性活动集中在秋季，一般在9~11月满膘体壮时性活动最旺盛。按当地气候和棚圈设施条件，安排配种季节，传统上多安排在10月中下旬，翌年3月末或4月初开始产羔，近些年来有些牧民为了接早春羔，10月初配种，3月末接羔。乌冉克羊的产羔率为113%，双羔率较低，一般在10%。

乌冉克羊在大群放牧、棚圈条件简陋的情况下，羔羊成活率和母羊群繁殖率较高，羔羊成活率一般在99%左右。

【应用状况】

乌冉克羊在高寒、多风和干旱的生态条件下，经过长期自然选择和人工选育而成，它是蒙古羊品种中具有独特品质的羊群，耐寒、抗旱、抗灾能力强，成活率高，生长发育快、生命力极强，对草原放牧型羊群来说，这些优点对母羊怀孕保持胎儿的正常发育和产羔后的产奶有利。

乌冉克羊在寒冷的冬、春季节过后，平均掉膘12~15kg，在秋季恢复体况后体重会增加15~17kg。现存栏7.9万只。

（张志刚编写）

第五节　蒙古羊

【品种概要】

蒙古羊（Mongolian Sheep）是个古老的绵羊品种，为我国三大粗毛绵羊之一，是我国分布地域最广的品种，其体质结实、抗逆性强，有良好的放牧采食和抓膘能力。具有游走能力强、善于游牧、采食能力强、抓膘快、耐严寒、抗御风雪灾害能力强等优点，但也存在其肉、毛产量偏低、生长发育慢等缺点。

蒙古羊（公羊）

蒙古羊（母羊）

蒙古羊（群体）

【产地条件】

蒙古羊现主要分布于内蒙古自治区，西北、华北、东北地区也有不同数量的分布。中心产区位于内蒙古自治区锡林郭勒盟、呼伦贝尔市、赤峰市、乌兰察布市、包头市、巴彦淖尔市等地区。作为蒙古羊主产区，内蒙古高原位于北纬37°24′~53°23′、东经97°12′~126°04′。其地貌由呼伦贝尔、锡林郭勒、巴彦淖尔、鄂尔多斯高原组成，平均海拔1 000m以上。气候以温带大陆性季风气候为主，年平均气温0~8℃；无霜期90~185d。年降水量50~500mm，年平均日照时数2 700h。草场类型自东北向西南随气候土壤等因素而变化，由森林、草甸、典型、荒漠草原而过渡到荒漠。东部草甸草原，牧草以禾本科为主，株高而密，产量高；中部典型草场，牧草以禾本科和菊科为主。东部主要牧草有针茅、碱草和糙隐子草；中部多为针茅、糙隐子草和兔蒿组成的植被；向西小叶锦鸡儿逐渐增多。西部荒漠草原和荒漠地区植被稀疏，质量粗劣，以富含灰分的盐生灌木和半灌木为主，牧草有红砂、梭梭、珍珠柴等。

【外貌特征】

蒙古羊体型外貌因所处自然生态条件、饲养管理水平不同而有较大差别。蒙古羊一般表现为体质结实，骨骼健壮。头形略显狭长，鼻梁隆起，公羊多有角，母羊多无角，少数母羊有小角，角色均为褐色。颈长短适中，胸深，肋骨不够开张，背腰平直，体躯稍长。四肢细长而强健。短脂尾，尾长一般大于尾宽，尾尖卷曲呈"S"形。体躯毛被多为白色，头、颈、眼圈、嘴与四肢多有黑色或褐色斑块。农区饲养的蒙古羊，全身毛被白色，公、母羊均无角。

【体重体尺】

蒙古羊体重体尺测定如表3-10所示。

表3-10　蒙古羊体重体尺测定表

性别	羊只数	体重（kg）	体高（cm）	体长（cm）	胸围（cm）	管围（cm）
公羊	64	61.2±9.9	68.3±3.2	70.6±6.0	93.4±5.8	8.4±0.6
母羊	261	49.8±5.4	63.9±3.7	69.5±4.4	84.5±4.9	7.6±0.6

【产肉性能】

在内蒙古自治区，蒙古羊从东北向西南体型依次由大变小。苏尼特左旗成年公、母羊平均体重为99.7kg和54.2kg；乌兰察布市公、母羊为49kg和38kg；阿拉善左旗成年公、母羊为47kg和32kg；产肉性能较好，成年羊满膘时屠宰率可达47%~53%；5~7月龄羔羊胴体重可达13~18kg，屠宰率40%以上。据锡林郭勒盟畜牧工作站2006年9月，对15只成年蒙古羯羊进行的屠宰性能测定，平均宰前活重63.5kg，胴体重34.7kg，屠宰率54.6%，净肉重26.4kg，净肉率41.7%。

【繁殖性能】

蒙古羊初配年龄公羊18月龄，母羊8~12月龄。母羊一般一年产一胎。一胎一羔，产双羔概率为3%~5%。母羊为季节性发情，多集中在9~11月；发情周期18.1d，妊娠期147.1d；年平均产羔率103%，羔羊断奶成活率99%。羔羊初生重公羔4.3kg，母羔3.9kg；放牧情况下多为自然断奶，羔羊断奶种公羔35.6kg，母羔23.6kg。

【应用状况】

蒙古羊群体是分子遗传学、发育遗传学与群体遗传学研究的理想动物资源，是我国绵羊业的主要基础品种，且在育成我国内蒙古细毛羊、新疆细毛羊、敖汉细毛羊、东北细毛羊及中国卡拉库尔羊等过程中起重要作用，目前尚未建立蒙古羊保护区和保种场，未进行系统选育，处于农牧民自繁自养状态。近年来，受杂交改良的影响，群体数量下降，2005年末存栏1 320万只，2008年存栏量较1985年减少了34.0%。虽然蒙古羊尚未面临外来品种的巨大压力，但半个多世纪以来，许多用外来品种改良蒙古羊的尝试从来就没有停止过，但蒙古羊靠自身的整体优势基本阻止了外来品种基因的入侵，这是迄今任何其他绵羊品种或其他畜种无法做到的。实践证明，蒙古羊在蒙古高原上绵羊品种中占主导地位。

蒙古羊是我国分布地域最广的古老品种，1985年收录于《内蒙古家畜家禽品种志》，1989年收录于《中国羊品种志》。2007年列入《内蒙古自治区畜禽品种保护名录》。

（荣威恒编写）

第六节　欧拉羊

【品种概要】

欧拉羊（Oula Sheep）是藏系绵羊品种中的一个特殊生态类型，是由于自然生态环境长期影响和人们世代不断的选育而形成的。欧拉羊体格大而壮实，四肢长而端正，背腰较宽平，胸、臀部发育良好，后躯较丰满，十字部稍高，被毛稀，头、颈、腹部及四肢多着生杂色短刺毛，少数具有肉髯。蹄质较致密，尾小呈扁锥形。公、母羊都有角，向左右平伸或呈螺锥状向外上方斜伸。公羊前胸多着生粗硬的黄褐色胸毛。欧拉羊对青藏高原高寒牧区恶劣的自然生态条件及四季放牧、粗放的饲养管理条件有很强适应性，但有产毛量低、几乎全身有干死毛等缺点。

欧拉羊（公羊）

欧拉羊（母羊）

欧拉羊（群体）

【产地条件】

欧拉羊主产区位于青藏高原东部边缘的黄河第一弯曲部的青海省河南县和甘肃省的玛曲县，青海省河南蒙古族自治县是青海省欧拉羊的中心产区，河南县地处青藏高原三江源地区的高寒牧区，被联合国教科文组织称为"世界四大无公害超净区"之一，该地区高寒阴湿，属高原冷温湿润气候，四季不分明，冬春长而寒冷，夏秋短而凉爽，昼夜温差大。海拔 3 800~4 500m，年均气温 1.6~13℃，最高气温 24.6℃，最低气温-30.2℃，年日照时数 2 551.3~2 577.2h，日照率58.0%，降水量 597.1~615.5mm，雨季集中在 5~9月，相对湿度 40%~80%，无绝对无霜期，产区以高山草甸草场（65.0%~73.5%），和亚高山灌丛草甸草场（19.0%~27.0%）为主，沼泽地也有一定比例（7.0%），牧草每年于4月下旬萌发，5月下旬返青，生长期 5个月，黄河沿岸的平阔滩地呈山塬状态，地表起伏不大，是优良的天然牧场。

【外貌特征】

欧拉羊体格结实，肢高体大，背腰较宽平胸深，后躯发育好，十字部略高于体高。欧拉羊头呈锐三角形，成年羊额宽与头长之比为 1∶1.72，鼻梁隆凸，眼廓微突耳较大。公羊角粗而长，呈浅螺旋状向左右平伸或稍向前角尖向外，角尖距离较大。母羊角较细小，有角者占91.48%，无角者占8.42%。欧拉羊的尾短小而瘦，呈扁锥形，体侧被毛多数无毛辫结构，绝大部分个体的毛中都有干死毛。公羊前胸着生较长的褐黄色胸毛，纯白色者占0.84%，体白色者占6.57%，体黄褐色者占73.17%，体黑色者含花、黑、沙等色占19.42%。

【体重体尺】

欧拉羊体重体尺测定如表3-11所示。

表3-11　欧拉羊体重体尺测定表

性别	年龄	体重（kg）	体高（cm）	体长（cm）	胸围（cm）
	6月龄	35.19	69.05	66.62	81.11
公羊	周岁	53.37	75.47	75.16	92.68
	2岁	66.00	75.47	75.16	100.3

（续表）

性别	年龄	体重（kg）	体高（cm）	体长（cm）	胸围（cm）
	6月龄	31.20	64.87	63.56	77.19
母羊	周岁	42.95	70.22	70.20	88.71
	2岁	53.82	74.27	74.63	94.97

注：2009年6月在青海省河南县测定，6月龄公羊37只，周岁公羊19只，2岁公羊30只；6月龄母羊54只，周岁母羊58只，2岁母羊33只

【产肉性能】

欧拉羊屠宰性能测定如表3-12所示。

表3-12　欧拉羊屠宰性能测定表

性别	宰前活重（kg）	胴体重（kg）	屠宰率（%）	胴体净肉率（%）	骨肉比
公羊	70.64 ± 6.24	35.62 ± 4.20	50.42 ± 3.57	75.42 ± 2.45	1 :（3.06 ± 0.19）
母羊	49.68 ± 5.01	23.20 ± 3.27	46.70 ± 2.14	76.46 ± 1.93	1 :（3.38 ± 0.28）

注：2007年10月在青海省河南县测定公、母羊各3只

【繁殖性能】

公羔羊在5~6月龄即有性行为，并能使母羊受孕，2.5岁配种能力最强，6.5岁以后配种能力下降。欧拉型藏母羊的母性良好，繁殖性能高，育羔能力强。母羊10~12月龄初情，1.5~2岁初配投产，一年一胎，一胎一羔，双羔极少，终身产羔4~6胎，7月下旬至8月中旬为发情旺季，发情周期多为16~18d，发情持续1~2d，妊娠期多为150d左右。本交配种公母比例为1∶24~30，一般在7~9月配种，12月至翌年2月产羔，少部分11~12月配种，翌年3~4月产春羔。经产母羊受胎率90%以上，羔羊成活率70%~90%，繁活率60%~80%。

【应用状况】

欧拉羊主要分布于青海省的河南县、泽库县、久治县，甘肃省的玛曲县、碌曲县及四川省的若尔盖县。总数达到130万只。青海省有欧拉羊100多万只，河南蒙古族自治县是青海省欧拉羊的中心产区，饲养量为50多万只。

通过青海省畜牧兽医科学院2001—2004年"欧拉型藏羊肉用性能选育及高效

生产技术研究"项目2005—2008年"欧拉型藏羊繁育及生产技术推广"项目、三江源生态保护与建设科研课题及应用推广"欧拉型藏羊繁育及生产技术推广"的实施，在河南县组建了欧拉羊选育核心群，建立了欧拉羊良种繁育基地，2009年制定发布了"欧拉羊繁育技术规范"（DB63/T825-2009）、"欧拉羊选育技术规范"（DB63/T822-2009）、"欧拉羊饲养管理技术规范"（DB63/T823-2009）和"欧拉羊生产性能测定技术规范"（DB63/T825-2009）等四项技术规范，为欧拉羊种羊标准化、规范化生产提供了依据。依据河南县欧拉羊地域范围、自然生态环境和人文历史因素以及完成的生产技术规范、生产性能测定和产品质量安全等相关技术内容基础上，申请获得中华人民共和国农业部欧拉羊国家农产品地理标志保护。

通过不断研究和选育，以核心母羊群的个体鉴定、整群和种公羊多种形式培育，使其后代的生产性能有了一定的提高，基本形成了早期发育快、体格结实、肢高体大、背腰宽平、后躯丰满、肉多、肉嫩、皮板结实、生长较快、繁殖性能好、适应高寒气候、耐粗放等特点的地方良种。

（余忠祥编写）

第七节 阿勒泰羊

【品种概要】

　　阿勒泰羊（Altay sheep）属肉、脂兼用的粗毛羊，是在哈萨克羊的基础上培育而成，因其原产地在新疆福海县，且尾臀硕大曾经被人们称为福海大尾羊。阿勒泰羊具有体格大、肉脂生产性能高、耐粗饲、抗严寒、善跋涉、体质结实、早熟、抗逆性强、适于放牧等生物学特性。

阿勒泰羊（公羊）　　　　　　　　　　　阿勒泰羊（母羊）

阿勒泰羊（群体）

【产地条件】

阿勒泰羊的主要产区集中在新疆阿勒泰地区福海县、富蕴县、清河县等地。产区地处阿尔泰山的中山带，位于北纬45°00′~48°10′、东经87°00′~89°04′，地势从北向南呈阶梯式下降，海拔350~3 200m。产区以典型大陆性气候为主，年平均气温4.0℃，极端最低气温-42.7℃，年平均日照时数2 788h，无霜期147d。年降水量121mm，降水多集中在4~9月，相对湿度50.0%~70.0%。年积雪期200~250d，积雪厚度15~20cm。

【外貌特征】

阿勒泰羊属肉脂兼用的粗毛羊，头中等大，耳大下垂，公羊鼻梁隆起，一般具有较大的螺旋形角。母羊鼻梁稍有隆起，约三分之二的个体有角。颈中等长，胸宽深，鬐甲平宽，背平直，肌肉发育良好。十字部稍高于鬐甲。四肢高而结实，股部肌肉丰满，肢势端正，蹄小坚实，沉积在尾根附近的脂肪形成方圆的大尾，大尾外面覆有短而密的毛，内侧无毛，下缘正中有一浅沟将其分成对称的两半。母羊的乳房大而发育良好。被毛异质，毛质较差，干、死毛含量较多，毛色主要为全身棕红色。也有部分头部黄或黑色，体躯有花斑的个体，纯黑或纯白的羊为数不多。

【体重体尺】

阿勒泰羊体重体尺测定如表3-13所示。

表3-13　阿勒泰羊体重体尺测定表

性别	年龄	体重（kg）	体高（cm）	体长（cm）	胸围（cm）
	6月龄	51.7	68.3	73.6	83.2
公羊	周岁	72.6	71.1	79.4	93.2
	2岁	85.4	74.3	84.2	101.5
	6月龄	44.1	64.7	68.0	81.4
母羊	周岁	63.7	71.3	74.4	90.5
	2岁	70.5	73.0	76.1	92.6

注：2015年10月在阿勒泰福海县测定公、母羊各150只

【产肉性能】

阿勒泰羊屠宰性能如表3-14所示。

表3-14 阿勒泰羊屠宰性能测定表

性别	宰前活重（kg）	胴体重（kg）	屠宰率（%）	净肉率（%）	骨肉比
公羊	44.47	21.53	48.60	32.45	0.34
母羊	43.73	23.73	54.27	34.28	0.30

注：2013年1月在阿勒泰测定9月龄阿勒泰羊公、母羊各3只

【繁殖性能】

经产母羊平均产羔率110.3%，初产母羊则为100%。性成熟一般在4~6月龄，初配年龄为1.5岁。阿勒泰羊习惯配种季节由11月上旬开始，4月初开始产羔。少数羊群在9月配种，次年2月产羔。母羊的发情周期平均为15.8d，发情持续期平均为45.1h，母羊妊娠期平均152d。

【应用状况】

阿勒泰羊的养殖历史悠久，20世纪50年代至90年代经过多次命名，最终由新疆维吾尔自治区命名为阿勒泰羊，同时阿勒泰羊的品种保护和利用也受到了重视。2011年阿勒泰地区阿勒泰羊存栏163万只，其中能繁母羊108万只，占牲畜存栏总量的60%以上，年产优质羊肉2.63万t。

20世纪90年代以来，畜牧主管部门加大阿勒泰羊品种保护与开发力度，畜牧科研工作者相继开展了阿勒泰羊羔羊早期断奶、同期发情、人工授精、提纯复壮与良种羊的鉴定推广、放牧补饲育肥以及与生产性能相关功能基因研究等一系列的工作并取得丰硕成果，为阿勒泰羊的推广和利用提供了强有力的技术支持。阿勒泰羊1989年收录于《中国羊品种志》，2008年阿勒泰羊获得了有机转换产品认证，2015年获得了有机牛羊养殖基地认证，通过有机认证提高了畜产品附加值和发挥天然草原有机品牌效益，增加了农牧民经济收入。2009年12月发布了《阿勒泰羊》国家农业行业标准（NY/T1816-2009），该标准具体规定了阿勒泰羊的品种特性和等级评定，为阿勒泰羊养殖产业的良好发展提供了理论基础。

（郝耿编写）

第八节　巴音布鲁克羊

【品种概要】

巴音布鲁克羊（Bayinbuluk Sheep）是蒙古系绵羊品种。13世纪时，蒙古民族西征欧洲，返回时带来少数欧俄羊种，定居后，将外来羊种与当地蒙古羊杂交繁育，经过长期的风土驯化与若干世纪以来的闭锁繁育，在当地特定环境中，由有经验的蒙古族牧民精心培育而成。长期生活于海拔2 500m以上的高原，在严寒环境中仍能扒雪觅食，其脂尾在漫长的冬季发挥了巨大的作用；有很强的耐牧性，在天然草场放牧一天可走20km，转场可走40~50km；合群性极强，非常适合于大群放牧饲养；耐粗放，抗病力强，抗逆性强，能适应各种生态环境，在牧草低矮的高寒草场能正常采食，快速增膘。

巴音布鲁克羊（公羊）　　　　　　　巴音布鲁克羊（母羊）

巴音布鲁克羊（群体）

【产地条件】

巴音布鲁克区地处天山中部，为天山的那拉提山和阿尔夏提山之间的高位山间盆地，称尤尔都斯盆地。位于东经84°09′，北纬43°02′，平均海拔在2 500m以上，属高寒草原草场和高寒草甸草场。开都河支流呈辐射状通过盆地中心，形成大面积沼泽，是面积辽阔、坡度平缓、水草丰茂的优良牧场。由于高位山间盆地的地形，周围雪山环抱，形成特殊的地貌形态，构成特殊的小气候，即严寒、干旱、多风，无绝对无霜期，年平均气温-4.5℃，年极低温度-46.6℃，年均降水量276.2mm，年均蒸发量1 129mm，水pH值为8.4，11月平均气温为-11.9℃，12月平均气温为-21.5℃。枯草期长，牧草生长期为5~8月，10月底开始积雪，翌年4月初融雪，积雪150~180d。全区草原植被以密丛禾本科为主，针茅、狐茅、冰草群系分布较广，草层低矮、耐寒、耐牧、旱生、营养价值较高，产草量低。

【外貌特征】

巴音布鲁克羊体质结实，结构匀称，头较窄长，鼻梁隆突弯曲，两眼隆突，耳大下垂，公羊有螺旋形角，母羊有的有角，有的仅有角痕。后躯发达，腿长，臀部稍高于耆甲，四肢结实，蹄坚实。体格中等大，体躯较窄长。毛色多黑头白身，也有棕色、黄色、花色，以黑头白身为标准色，为异质毛。短尾，尾部脂肪沉积，呈方圆形，平直或稍下垂。

【体重体尺】

初生重公羔平均为3.85kg，母羔平均为3.67kg；4月龄公羔平均体重为26.84kg，母羔26.94kg。成年羊公羊平均体重69.5kg，母羊43.2kg（表3-15）。

成年公羊体高77.7cm，体长78.5cm，胸围97.4cm。成年母羊体高71.2cm，体长71.2cm，胸围86.3cm。

巴音布鲁克羊是早熟品种，羔羊在哺乳期有较高的生长强度。

表3-15　巴音布鲁克羊初生至4月龄体重

性别	羊只数（只）	初生重（kg）	1月龄重（kg）	4月龄重（kg）
公羔	56	3.85±0.64	7.82±1.16	26.84±2.24
母羔	58	3.67±0.58	7.52±1.15	26.94±2.91

【产肉性能】

成年公羊宰前体重63.25kg，胴体重29.41kg，屠宰率46.5%。当年羔（6月龄）宰前体重30.40kg，胴体重13.40kg，屠宰率44.1%。成年羊1∶1.8~2.6，6月龄羔羊为1∶2.4。脂尾占胴体重9.4%~9.7%。肉质细嫩、口味鲜美。毛产量低，成年公羊平均1.55（1.20~2.00）kg，成年母羊平均0.93（0.50~1.40）kg，周岁公羊平均1.38（1.30~1.70）kg，周岁母羊平均1.03（0.70~1.30）kg。正身被毛以白色居多，其次是花色、褐色与黑色，均为粗毛，纺织价值不高，仅能用于制毡。

【繁殖性能】

5~6月龄性成熟，初配年龄1.5~2岁，1年1胎，繁殖年限母羊5年、公羊6年。繁殖率为91.5%~103%，双羔率为2%~3%。

【应用状况】

巴音布鲁克羊以新疆和静县巴音布鲁克区二乡为中心产区，是新疆的优良肉脂兼用性绵羊地方品种，也是当地高寒牧区牧民主要的生产与生活资料。其羊肉作为高原无污染的纯天然绿色食品，不仅营养价值高，而且风味独特，品质优良，符合国际食品安全新潮流。该品种主要分布在巴音郭楞蒙古自治州的和静、和硕、焉耆、轮台等县，是高寒草原的主体畜种，在农区也有广泛的饲养与分布。巴音布鲁克羊适应当地高寒恶劣气候，抗病力强，母性好，成活率高，生长发育快，当年羔羊入冬前体重能达到成年羊的60%，极受当地牧民喜爱和地方政府重视，被列入当地重点发展的畜种，现有存栏头数已达100万只以上。该品种的改良一直以本品种选育为主，20世纪60年代初巴音布鲁克区被规划为巴音布鲁克羊繁育基地，该区在各乡建立了核心母羊群。1985年，巴音布鲁克羊正式列入

《新疆家畜家禽品种志》，随后又制订了《巴音布鲁克羊品种标准》（1990年颁布）。

（左北瑶编写）

第九节　巴什拜羊

【品种概要】

巴什拜羊（Bashbay sheep）是新疆地方肉羊良种之一，俗称白鼻梁红羊，属肉脂兼用粗毛羊。具有羔羊期生长速度快、增重高、屠宰率高、净肉率高、肉质多汁细嫩和营养价值高，遗传性稳定和适应性强等优点，但也存在着产羔率低、体格相对较小、脂尾偏大等缺点。

巴什拜羊（公羊）　　　　　　　　巴什拜羊（母羊）

巴什拜羊（群体）

【产地条件】

巴什拜羊主要产于新疆裕民县巴尔鲁克山区，主要分布在塔额盆地7个县市。四季草场的海拔高度在715~3 248m。年平均气温为6.5℃，年极端最高气温40℃，极端最低气温-40℃。夏季月平均气温在 20℃以上，炎热期最长90d，酷热期最长 29d。秋季气温一个多月内可下降 20℃，冬季严寒将近半年。太阳总辐射量 135 kJ/ cm²，日照长度2 800~3 000h。年平均降水量为269mm，蒸发量1 600mm，无霜期153d。大风天气较多，最高风速可达131.23m/s。草场牧草主要有狐茅、苔草、针茅、狐茅、灰蒿、博乐蒿、木地肤、旱雀麦等。区域内分布有草甸棕钙土、荒漠化草甸土、暗色草甸土、冲击性草甸土及盐土等。农作物主要有小麦、玉米、大豆和红花等。

【外貌特征】

巴什拜羊体格中等，体躯呈长方形，胸宽而深，鬐甲和十字都宽平，背腰平直，股部肌肉丰满，体质结实。头大小适中，头顶部毛较长呈白色；鼻梁稍隆起，耳长宽下垂。公羊大多有角，呈螺旋形向前向后弯曲，也有四个角的，呈棱形向四周张立；母羊多数无角，乳房发育良好。脂尾较小，呈方圆形，下缘中部有一浅纵沟，将其分为对称的两半，外面覆盖着短而密的毛，内侧无毛。被毛以棕红色为主约占61.4%，纯白色的占15%，纯黑色的占15.6%，其他杂色占8%。

【体重体尺】

巴什拜羊体重体尺测定如表3-16所示。

表3-16　巴什拜羊体重体尺测定表

性别	年龄	体重（kg）	体高（cm）	体长（cm）	胸围（cm）
	6月龄	37.70	63.15	68.25	76.80
公羊	周岁	46.15	71.60	75.49	81.17
	2岁	79.07	73.93	81.27	106.00
	6月龄	40.44	61.55	68.15	79.35
母羊	周岁	55.53	68.57	84.53	102.20
	2岁	65.90	69.30	85.77	108.27

【产肉性能】

巴什拜羊屠宰性能测定如表3-17所示。

表3-17 巴什拜羊屠宰性能测定表

性别	宰前活重（kg）	胴体重（kg）	屠宰率（%）	净肉率（%）	骨肉比
公羊	36.00	18.23	50.84	34.29	1：2.66
母羊	38.44	19.64	51.11	38.11	1：3.10

【繁殖性能】

巴什拜羊平均产羔率为103%，一般年产1胎，每胎1羔，利用年限为5年。一般5~6月龄性成熟，公、母羊初配年龄为一岁半。母羊发情期主要集中在11月，发情周期平均15d，发情持续期平均为45.5h；妊娠期平均150.6d，一般在11月上旬配种，翌年4月产仔，羔羊断奶成活率为98%。在随母羊放牧状态下，哺乳期羔羊日增重可达250~344g。

【应用状况】

巴什拜羊是哈萨克族爱国人士巴什拜1919从苏联带回的羊只与当地哈萨克母羊进行杂交，经过30年的精心选育而成的地方肉羊良种。新中国成立后，巴什拜羊在数量和质量上有了很大的发展和提高，但20世纪60~70年代曾受到细毛羊改良的严重影响。1976年塔城地区畜牧兽医站提出了巴什拜羊保种方案，在裕民县种羊场建立了核心群，1982年对该场羊群进行全面鉴定组群。1985年被收入《新疆家畜家禽品种志》，1990年制定出了《巴什拜羊品种标准》，2007年第二次修订。现已被自治区畜牧厅定为新疆地方优良羊保护品种，裕民县还专门设立了巴什拜羊办公室，新建中心育种场一个，开展了本品种选育、小尾型和多胎类群选育。

巴什拜羊原产地现存栏6万多只，塔城地区存栏约240万只，全疆各地均有养殖。非保护区用引进肉羊良种与之进行杂交改良，收到了良好的效果。

巴什拜羊品种退化较为严重，须加大本品种选育力度，调整羊群结构，提高总增率、出栏率和商品率，组织肥羔生产。另外，在农区用引进良种肉羊进行杂交改良，开展商品肥羔产业化生产。

（侯广田编写）

第十节 多浪羊

【品种概要】

多浪羊（Duolang sheep，俗称Dao Lang Sheep，别名Mai Gai Ti Sheep）是新疆地方肉脂兼用型绵羊良种之一，俗称刀郎羊，因其主产地在麦盖提县故又称麦盖提羊。具有体格大、产肉多、肉质鲜嫩，早熟、多胎、部分多羔、遗传性稳定和适应性强等优点。但也存在躯体扁平肉用体型不明显、脂尾偏大等缺点。

多浪羊（公羊）

多浪羊（母羊）

多浪羊（群体）

【产地条件】

多浪羊中心产区位于麦盖提县，主要分布在塔克拉玛干大沙漠的西南边缘叶尔羌河流域的麦盖提、巴楚、岳普湖、莎车等县。产区海拔在1 200m左右，年平均气温为11.8℃，最高气温（7月）可达40℃，最低气温（1月）达-22℃，年平均降水量为42mm（85.8~6.9mm），蒸发量2 375mm，相对湿度47%~66%，年日照2 806h，无霜期214d。春季多风，风向西北，夏季炎热，冬季冷期不长。有平原、荒漠、沙丘、低地草甸、盐碱地。低地草甸是草场的主体，植被群落90%以上是芦苇，其次是骆驼刺、甘草、津茅、柽柳等，草场植被稀疏，牧草种类少、产草量低。产区以维吾尔民族为主，农业比较发达，主要农作物有小麦、玉米、棉花、胡麻、葵花、苜蓿和瓜果等。

【外貌特征】

多浪羊体质结实、结构匀称、体大躯长而深，肋骨拱圆，胸深而宽，前后躯较丰满，肌肉发育良好。头中等大小，鼻梁隆起高；耳特别长而宽，垂至颌下；嘴大口裂深，两眼清澈大而有神。公羊高大雄壮、绝大多数无角，母羊一般无角，尾形有W状和U（砍土曼）状，乳房发育良好。体躯被毛为灰白色或浅褐色，头和四肢为浅褐色或褐色，绝大多数的羊毛为半粗毛、绒毛多、毛质好，没有干死毛。多浪羊现有两种类群中，以农牧民所喜欢的体质较细、体躯较长，尾形为W状、不下垂或稍微下垂，毛色为灰白色或灰褐色，毛质较好，绒毛较多，羊毛基本上是半粗毛的类群为主体类群。

【体重体尺】

多浪羊体重体尺测定如表3-18所示。

表3-18　多浪羊体重体尺测定表

性别	年龄	体重（kg）	体高（cm）	体长（cm）	胸围（cm）
	6月龄	47.47	71.94	68.71	87.12
公羊	周岁*	79.73	88.29	93.74	102.41
	2岁*	87.85	91.65	99.35	105.68

（续表）

性别	年龄	体重（kg）	体高（cm）	体长（cm）	胸围（cm）
	6月龄	45.17	72.13	71.67	88.64
母羊	周岁	59.13	74.17	75.54	93.10
	2岁	70.00	77.08	78.64	98.34

注：*麦盖提县种羊场2015年测定数据

【产肉性能】

多浪羊屠宰性能测定如表3-19所示。

表3-19　屠宰性能测定表

性别	宰前活重（kg）	胴体重（kg）	屠宰率（%）	净肉率（%）	骨肉比
当年公羔	46.21	24.91	53.94	35.01	1：4.27
当年母羔	37.63	19.90	52.89	40.61	1：3.31

【繁殖性能】

多浪羊的产羔率在130%左右。公羔一般6~7月龄性成熟，母羔6~8月龄初配，一岁母羊大多已产羔。母羊发情周期15~18d，发情持续时间平均24~48h，妊娠期150d。一般两年产三胎，好的可一年产两胎，双羔率可达33%，并有一胎产三羔、四羔的，一只母羊一生可产羔约15只，繁殖成活率在150%左右。

【应用状况】

多浪羊是当地维吾尔族人民，分别于1919年和1944年引进阿富汗瓦格吉尔羊与当地土种羊进行级进杂交，在当地得天独厚的自然生态环境下，经过数辈人的辛勤努力逐渐育成的地方优良品种。新中国成立后，多浪羊发展速度较快，但也曾经历了1958年和1975年两次较大的冲击。1985年被收入《新疆家畜家禽品种志》，2007年制定并颁布《多浪羊品种标准》。

近年来，随着农区肉羊产业的发展，多浪羊被列入动物动物遗传资源保护名录，并启动了地方良种肉羊保护与本品种选育工程，开展了本品种选育、建立多胎类型选育群等工作，并在南疆地区大面积推广，产区目前存栏约260多万只。在非保护区引入萨福克等良种肉羊进行杂交改良，也取得了良好的效果。

该品种是一个适宜规模化舍饲养殖的地方肉羊良种，一方面须加大选育力度，提高群体繁殖性能；另一方面，可利用其常年发情和多胎多羔的特性，采取与引进肉羊良种杂交的方式进行商品肥羔的生产。

（侯广田编写）

第十一节 晋中绵羊

【品种概要】

晋中绵羊（Jinzhong Sheep）是山西省肉皮兼用地方绵羊品种，体格较大，性情温顺，行动灵活，好饲养，具有耐粗饲、适应性强、周岁内生长发育快、易育肥、肉质鲜嫩、膻味小等独特优点，但也存在繁殖率（一般单羔居多）、尾巴大、后期生长速度慢等缺点。

晋中绵羊（公羊）　　　　　　　　　晋中绵羊（母羊）

晋中绵羊（群体）

【产地条件】

晋中绵羊产区位于晋中地区，北起太原以北的石岭关，南至灵石县的韩信岭，位于榆次之西，汾阳之东，四周有太行山、吕梁山、太岳山、五台山四大山脉环绕，总面积5 016km²。全区地形以山地、丘陵为主，各地高低相差较大，山地海拔为1 000～2 500m，最高2 567m；丘陵区海拔为800～1 200m；平原区海拔多在800m以下，最低574m。全区平均气温为9.2℃左右，年最高37.4℃左右，最低-24.6℃左右。全区湿度40%左右，无霜期平均为169d（4月下旬至10月上旬）。年平均降水量为520.6mm，雨季在6～10月。全区以种植玉米、小麦、豆类、谷子等粮食作物为主，加上可利用牧草为晋中绵羊的发展提供了得天独厚的优越条件。

【外貌特征】

晋中绵羊体格较大，体躯狭长，骨骼粗壮结实，肌肉发育丰满。头部狭长，鼻梁隆起；公羊角大呈螺旋状，母羊一般无角；耳大下垂。颈部长短适中，直筒形，无皱褶，无肉垂。体躯狭长并略呈前低后高；胸部较宽，肋开张，背腰平直，尻部呈圆形；四肢结实，肢势端正，蹄质坚实。短脂尾，尾大近似圆形，有尾尖。全身被毛白色，头部及四肢为短而粗的毛，肤色白色；被毛有两个类型，一种为毛瓣型，毛长而细，略有弯曲；另一种为沙毛型，毛粗而短，并混有干死毛。公羊睾丸大小适中，呈纺锤形，发育良好，附睾明显。母羊乳房发育良好，对称，乳头分布均匀，大小适中，泌乳力强，乳房炎少。

【体重体尺】

晋中绵羊体重体尺测定如表3-20所示。

表3-20 晋中绵羊体重体尺测定

性别	年龄	体重（kg）	体高（cm）	体长（cm）	胸围（cm）
	6月龄	32.65±4.57	61.45±6.23	64.72±3.55	71.77±7.12
公羊	周岁	45.28±4.83	66.98±6.88	72.97±9.23	80.99±7.65
	2岁	59.81±6.90	73.77±8.29	78.36±10.3	91.71±9.11

（续表）

性别	年龄	体重（kg）	体高（cm）	体长（cm）	胸围（cm）
	6月龄	27.22±4.44	58.10±5.17	63.09±6.81	71.69±5.24
母羊	周岁	40.09±5.55	63.85±3.76	68.01±6.54	80.86±5.27
	2岁	43.79±5.92	67.15±5.46	72.22±9.67	84.25±8.44

注：2014年9~11月在山西省太谷县测定，公羊36只，母羊51只

【产肉性能】

晋中绵羊屠宰性能测定如表3-21所示。

表3-21　晋中绵羊屠宰性能测定表

性别	宰前活重（kg）	胴体重（kg）	屠宰率（%）	净肉率（%）	骨肉比
公	48.43±1.71	24.35±1.22	50.27±0.89	40.80±1.26	1：4.31
母	42.38±1.55	21.77±1.11	51.37±0.91	41.23±1.31	1：4.07

注：2014年10月在山西省太谷县屠宰测定，公羊10只，母羊10只

【繁殖性能】

晋中绵羊初产母羊产羔率85%以上，经产母羊产羔率102%。公、母羊一般在7月龄达到性成熟，种公羊初配年龄1.5岁，繁殖母羊初配年龄10月龄以上。公羊平均射精量1ml，精子密度平均26亿/ml，精子活率0.8以上。母羊发情周期为17d，妊娠期149d。

【应用状况】

晋中绵羊于1983年列入《山西省家畜家禽品种志》，属于肉皮兼用粗毛短脂尾羊地方品种。据山西省畜禽繁育工作站2006年底统计，符合品种特征的晋中绵羊20.5万只，其中能繁母羊6.7万只，占到总数的32.68%。

（张建新编写）

第十二节　小尾寒羊

【品种概要】

小尾寒羊（Small-tailed Han sheep）起源于宋朝中期。随着社会变革，民族迁徙，贸易往来，生活需求和社会发展，人们把蒙古羊带到黄河流域。历经风土驯化和劳动人民长期选择以及精心培育，逐渐形成了肉裘兼用型地方品种。具有常年发情、早熟、多胎、多羔、体格高大、生长发育快、肉用性能较好等优点，因耐粗饲、宜舍饲等优良种质特性而著称于世。备受养羊生产者喜爱，被誉为"国宝"。在同等饲养条件下，养殖小尾寒羊比饲养其他地方品种经济效益好。但也存在肉用体型欠佳、净肉率偏低等缺点。

小尾寒羊（公羊）

小尾寒羊（母羊）

小尾寒羊（群体）

【产地条件】

小尾寒羊原产于鲁、豫、苏、皖四省交界的黄河冲积平原，中心产区在山东省鲁西南，主要分布在菏泽市的郓城县、鄄城县、巨野县，济宁市的梁山县、嘉祥县、汶上县，泰安市的东平县。产区属于暖温带季风大陆性气候，夏季炎热，冬季寒冷，四季分明。海拔在50m左右，地势平坦，年平均气温13℃，最高气温40.8℃，最低气温-19.2℃，平均相对湿度65%~70%，年降水量500~900mm。全年平均风速3~4m/s，全年日照为2 400~2 600h。无霜期206~216d，产区土壤肥沃，适合种植多种农作物，饲草饲料资源非常丰富。

【外貌特征】

小尾寒羊体质结实，结构匀称，体格高大，体躯呈圆筒形，被毛白色、异质、有少量干死毛，分裂皮型（毛股清晰、弯曲明显）；细毛型（毛细密、弯曲小）和粗毛型（毛粗、弯曲大）三个类型。少数个体头部有黑色或褐色斑点；头大小适中，头颈结合良好，眼大有神，嘴头齐，鼻梁隆起，耳大下垂；公羊头大颈粗，有螺旋形大角，角尖稍向外偏；母羊头小颈长，多数有角，分为镰刀状角及姜角；胸部宽深，肋骨开张，背腰平直；腹部紧凑而不下垂；四肢高且粗壮，蹄质结实，脂尾呈圆扇形，尾尖上翻内扣，尾长不超过飞节；公羊睾丸对称，发育良好，附睾明显；母羊乳房发育良好，乳头大小适中。

【体重体尺】

小尾寒羊体重体尺测定如表3-22所示。

表3-22 小尾寒羊体重体尺测定

性别	年龄	体重（kg）	体高（cm）	体长（cm）	胸围（cm）
	6月龄	60.0	77.0	80.0	92.0
公羊	周岁	105.0	94.0	96.0	108.0
	2岁	120.0	96.0	98.0	114.0
	6月龄	39.0	71.0	73.0	84.0
母羊	周岁	56.0	78.0	79.0	94.0
	2岁	64.0	81.0	83.0	99.0

【产肉性能】

小尾寒羊6月龄育肥公羔屠宰率达到48.35%，12月龄屠宰率达到52.5%，眼肌肉色为鲜红至深红，皮下脂肪薄且分布均匀，肌纤维间有适量脂肪。烹调后香味浓郁，膻味轻，风味好（表3-23）。

表3-23　小尾寒羊产肉性能测定表　　（n=10）

月龄	性别	活重（kg）	胴体重（kg）	屠宰率（%）	净肉重（kg）	净肉率（%）	骨肉比
6	公羊	48.36 ± 2.69	23.42 ± 2.27	48.35 ± 2.14	17.90 ± 1.80	37.38 ± 1.08	1 : (3.77 ± 0.24)
6	母羊	44.40 ± 2.18	21.00 ± 2.02	47.30 ± 2.03	16.60 ± 1.75	37.01 ± 1.03	1 : (3.56 ± 0.20)
12	公羊	63.60 ± 4.27	33.39 ± 3.11	52.50 ± 2.26	26.61 ± 2.51	41.84 ± 1.07	1 : (3.92 ± 1.00)
18	公羊	76.50 ± 7.79	43.07 ± 5.52	56.26 ± 2.39	36.11 ± 5.75	47.20 ± 1.05	1 : (5.19 ± 0.23)

【繁殖性能】

小尾寒羊公羊初次配种时间为210~240d，公羊平均射精量为1.61ml／次（n=64），精子密度为（26.75 ± 0.72）亿/ml，活力为0.82。小尾寒羊母羊常年发情，春秋季较为集中，母羊的初情期（186.39 ± 1.93）d（n=94），初配时间（202.41 ± 2.78）d（n=131），发情周期（17.02 ± 0.17）d，发情持续期（30.54 ± 0.18）h，妊娠期（148.6 ± 0.12）d（n=407）。初产母羊产羔率200%以上，经产母羊260%以上（表3-24）。

表3-24　小尾寒羊繁殖性能

胎次	1	2	3	4	5	平均
母羊（只）	227	188	115	33	6	569
产羔（只）	2.29 ± 0.74	2.73 ± 0.86	2.956 ± 1.14	3.00 ± 1.17	3.0 ± 0.89	2.619

【应用状况】

小尾寒羊的选育经历了一个漫长的历史过程。20世纪60年代初，山东省农业厅批准成立了菏泽地区寒羊育种辅导站。80年代，国家和省市有关部门拨出专款支持育种工作，将郓城、梁山划为小尾寒羊保种区。在主产区内，相继制订了山东小尾寒羊品种标准与饲养标准，并按标准进行选种选配和饲养管理，促进了优秀种羊的选育和流通，使小尾寒羊逐渐从一个普通的地方绵羊品种，选育成被专家誉为"国宝"的"世界超级绵羊"品种。2000年小尾寒羊被列入《国家级畜禽品种保护名录》，2006年被列入《国家畜禽遗传资源保护名录》，2008年发布了《小尾寒羊》国家标准（GB/T 22909-2008）。

20世纪90年代以来，全国各地相继开展了小尾寒羊羔羊早期断奶、同期发情、人工授精、育肥方式等研究工作并取得了很多成果，为小尾寒羊推广和利用提供了技术支撑。实践证明小尾寒羊既适合发展肥羔生产，又适合作经济杂交和育成杂交的母本。山东省小尾寒羊的数量已从20世纪70年代不足3万只发展到现在500多万只，已推广到20多个省、市、自治区，推广总数已超过300万只，对我国中西部地区尤其是老、少、边、穷地区肉羊生产发展起到了巨大地推动作用。

近年来，国内对小尾寒羊的多胎性状进行了分子标记，利用含有FecB主效基因的母羊建立小尾寒羊核心群，已开始由试验转入实际应用阶段。统计结果表明：纯合型（BB）小尾寒羊产羔数分别比杂合型（B+）和野生型（++）多0.52只和1.33只，杂合型（B+）小尾寒羊产羔数比野生型（++）多0.81只。随着小尾寒羊多胎基因分子标记技术的应用，今后小尾寒羊在提高我国肉用绵羊产羔率方面，将会发挥更加重要的作用。

（王金文编写）

第十三节　湖羊

【品种概要】

湖羊（Hu Sheep）是我国特有的绵羊品种，属羔皮用短脂尾粗毛羊，也是目前世界上少有的白色羔皮品种和多羔绵羊品种，具有繁殖力高、全年发情、性成熟早、早期生长快等优良性状，对高温高湿环境和常年舍饲的饲养管理方式适应性强。所产羔皮皮板轻柔，毛色洁白，花纹美观，有丝样光泽，在国际上享有"软宝石"的美称。

湖羊（公羊）

湖羊（母羊）

湖羊（群体）

【产地条件】

湖羊原产于浙江、江苏及上海相毗邻的太湖流域，以杭州、嘉兴、湖州、苏州等地区较为集中。湖羊中心产区苏州市位于长江三角洲中部，地貌特征以平缓平原为主，海拔高度3~4m。属于北亚热带南缘湿润季风气候区，温暖潮湿多雨，四季分明，冬夏季较长、春秋季较短。年平均气温15.7℃，1月平均气温3.1℃，7月平均气温28.2℃左右。无霜期233d。年平均降水量1 063mm，主要集中在4~9月。年平均日照为2 000~2 200h。太湖流域土地肥沃，物产丰富，主产稻谷、小麦、油菜等，农作物秸秆等资源较丰富。

【外貌特征】

湖羊体格中等，体躯狭长，腹部微下垂，后躯较高。公羊前躯发达，胸宽深，母羊乳房较发达。公、母羊均无角，头狭长，鼻梁隆起，多数耳大下垂，颈细长。尾扁圆，属短脂尾，尾尖上翘，四肢纤细。湖羊毛属异质毛，被毛纯白，少数个体眼圈有黑、褐色斑点，腹毛粗、稀而短，毛品质差，成年公羊年产毛量1.65kg左右，成年母羊年产毛量1.17kg左右。

【体重体尺】

湖羊体重体尺测定如表3-25所示。

表3-25　湖羊体重体尺测定表

性别	年龄	体重（kg）	体高（cm）	体长（cm）	胸围（cm）
公羊	6月	38.00	64.00	73.00	
	周岁	65.20 ± 6.23	70.80 ± 2.59	90.00 ± 7.97	94.60 ± 4.34
	成年	79.27 ± 5.77	73.33 ± 3.67	92.06 ± 7.86	100.21 ± 3.57
母羊	6月	32.00	60.00	70.00	
	周岁	55.08 ± 3.34	64.50 ± 2.07	78.33 ± 4.03	90.17 ± 1.47
	成年	60.75 ± 7.35	67.49 ± 2.75	85.61 ± 7.46	95.23 ± 5.51

注：6月龄数据参考《湖羊》（GB 4631-2006），周岁及成年羊数据参考，2006年9月在江苏省东山湖羊资源保护区测定成年公羊20只、经产母羊87只，数据以$\bar{X} \pm s$表示

【产肉性能】

湖羊屠宰测定记录如表3-26所示。

表3-26　湖羊屠宰测定记录表

性别	宰前体重（kg）	胴体重（kg）	屠宰率（%）	净肉率（%）	骨肉比
公羊	45.55±4.93	23.15±2.52	51.80±1.33	39.29±1.99	1：（4.16±0.97）
母羊	44.27±4.10	21.20±2.40	50.99±4.08	38.91±2.55	1：（5.07±0.41）

注：2006年12月对苏州市种羊场的8只12月龄公羊、江苏省东山湖羊资源保护区的7只12月龄母羊进行屠宰测定

【繁殖性能】

湖羊性成熟早，在舍饲且营养供应充足时，公羊初情期为5~6月龄，7~8月龄性成熟，母羊初情期为4~5月龄，6~7月龄性成熟。公羊初配年龄一般为10月龄，利用年限为4~5年。母羊初配年龄一般为7~8月龄，一般利用年限为4~6年。母羊发情周期平均为17d（16~18d），妊娠期一般为148d（142~156d）。经产母羊平均产羔率为229%。湖羊全年发情，可年产两胎或两年三胎。公羊采精量一般为1.0~2.5ml。

【应用状况】

湖羊是以高繁殖力著称的优良地方绵羊品种，又因其耐湿热、适应规模化舍饲等诸多优点，现已成为很多地区发展规模化养羊业的主推良种之一。近年来湖羊数量快速增长，原产地太湖流域现有湖羊约200万只，且规模化养殖比例快速提高。湖羊已被广泛引入到新疆、甘肃、宁夏、内蒙古等我国主要肉羊产区进行纯种繁育、杂交利用和多胎肉用品种选育，群体数量进一步扩大。

1984年发布了湖羊国家标准（GB 4631-1984），并在2006年进行了修订（GB 4631-2006），该标准具体规定了湖羊的品种特性和等级评定等。江苏省也发布了《湖羊饲养管理技术规程》（DB32/T 2097-2012）等省级地方标准。2000年湖羊被列入《国家级畜禽品种保护名录》，2006年列入《国家畜禽遗传资源保护名录》。

（王锋编写）

第四章　肉用型山羊良种

第一节　黄淮山羊

【品种概要】

黄淮山羊（Huang Huai Goat）俗称槐山羊、安徽白山羊或徐淮白山羊，属肉皮兼用型山羊地方品种，黄淮山羊板皮品质好，以产优质汉口路山羊板皮著称，其中以河南省周口地区生产的槐皮质量最佳，黄淮山羊板皮呈浅黄色和棕黄色，俗称"蜡黄板"或"豆茬板"，油润光亮，有黑豆花纹，板质致密，毛孔细小而均匀，每张板皮可分6~7层，分层薄而不破碎，折叠无白痕，拉力强而柔软，韧性大且弹力强，是制作高级皮革"京羊革"和"苯胺革"的上等原料。具有适应性强、采食能力强、抗病力强、肉质鲜美、皮张质量好、遗传稳定等优点，但也存在产肉性能不高等缺点。

黄淮山羊（公羊）

黄淮山羊（母羊）

黄淮山羊（母羊群体）

【产地条件】

黄淮山羊原产于黄淮平原，中心产区位于河南、安徽和江苏三省接壤地区，分布于河南省周口地区的沈丘、淮阳、项城、郸城等县（市），安徽省北部的阜阳、宿县、亳州、淮北、滁州、六安、合肥、蚌埠、淮南等县（市），江苏省的睢宁县、丰县、铜山县、邳州市和贾汪区等县（市）。黄淮平原位于华北平原南部，主要由黄河、淮河下游泥沙冲积形成。地势较为平坦，京杭大运河贯穿南北，将众多湖泊沟通。属暖温带半湿润季风气候，四季分明，年平均气温14.5℃，无霜期220d。年降水量760~1 000mm，降水多集中于夏季；相对湿度71.5%。年平均日照时数2 300h。水源充足，土壤肥沃，土壤类型有棕土、褐土、紫色土、潮土、砂姜黑土、水稻土六大类。农作物以小麦、稻谷、大豆、花生、玉米和薯类为主，农副产品及饲料资源丰富。除了该流域丰富的自然资源外，人们普遍喜食羊肉，每逢秋末冬深，白菜羊肉汤是历史悠久的上等菜肴，羊肉市场巨大。

【外貌特征】

黄淮山羊被毛为白色，毛短、有丝光，绒毛少，皮肤为粉红色。分有角、无角两个类型，具有颈长、腿长、腰身长的"三长"特征。体格中等，体躯呈长方形。头部额宽，面部微凹，眼大有神，耳小灵活，部分羊下颌有须。颈细长，背腰平直，胸深而宽，公羊前躯高于后躯。蹄质坚硬，呈蜡黄色。尾短、上翘。

【体重体尺】

黄淮山羊体重体尺测定如表4-1所示。

表4-1 黄淮山羊体重体尺测定表

性别	体重（kg）	体高（cm）	体长（cm）	胸围（cm）	胸宽（cm）	胸深（cm）
公羊	49.1±2.7	79.4±2.6	78.0±3.6	88.6±3.9	24.3±1.5	34.2±1.3
母羊	37.8±7.4	60.3±4.5	71.9±6.4	81.4±6.8	17.9±2.3	29.2±2.7

注：2006年11月在沈丘、项城和淮阳等县（市）测定。引自《中国畜禽遗传资源志•羊志》

【产肉性能】

黄淮山羊屠宰性能测定如表4-2所示。

表4-2 黄淮山羊屠宰性能测定表

性别	宰前活重（kg）	胴体重（kg）	屠宰率（%）	净肉率（%）	骨肉比
公羊	26.3±1.76	13.5±1.88	51.3±3.85	36.9±3.04	1∶（2.6±0.25）
母羊	18.8±1.51	9.6±1.12	51.1±2.00	36.2±1.57	1∶（2.4±0.25）

注：2007年4月在安徽省阜阳市文集镇测定。引自《中国畜禽遗传资源志•羊志》

【繁殖性能】

黄淮山羊公、母羊均为2~3月龄性成熟，初配年龄公羊9~12月龄、母羊6~7月龄。母羊四季发情，但以春、秋季发情较多，发情周期18~20d，发情持续期1~3d，妊娠期145~150d；一年产两胎或两年产三胎，产羔率332%，最高一胎可产6羔。公、母羔平均初生重2.6kg，羔羊117日龄断奶，断奶重公羔8.4kg、母羔7.1kg。羔羊断奶成活率96%。

【应用状况】

黄淮山羊目前采取保护区保护。1980年存栏量为710余万只，其中河南省50%、安徽省35%、江苏省15%。近年来，存栏量总数有所增加，分布区域略有变化。到2005年存栏量774.9万只，其中河南省66%、安徽省31%、江苏省3%。21世纪初开始，国内羊肉需求量大增，黄淮流域养羊业迅速由皮肉兼用为主转向以肉用为主。此时，波尔山羊作为世界肉用山羊之父从1998年开始引入黄淮流域各省，对黄淮山羊进行了大面积杂交改良，取得了较好的效果，证明了黄淮山羊作为肉用山羊母本的历史作用，但由于盲目炒种和无限制的级进杂交，在黄淮流域导致黄淮山羊数量急剧下降，黄淮山羊宝贵的基因逐渐被波尔山羊杂交羊所取代，当年达到数千万只的黄淮山羊的数量急剧减少，目前纯种的黄淮山羊已经少之又少，面临绝迹的危险。

黄淮山羊是我国中原地区饲养历史悠久的优良山羊地方品种，1989年收录于《中国羊品种志》，2011年收录入《中国畜禽遗传资源志·羊志》。2013年9月安徽省发布了《安徽白山羊》地方标准（DB34/T 1985-2013）。近年来，由于产区在选育时倾向于肉用方向，个体有增大趋势。

（张子军编写）

第二节　雷州山羊

【品种概要】

　　雷州山羊（Leizhou Goat）又称徐闻山羊或东山羊，属于以产肉为主的山羊地方品种。具有适应性强、抗病力强、耐粗饲、耐湿热和生长繁殖快等生物学特性。其所产羊肉以阉羊肉质上乘，脂肪分布均匀，几乎没有膻味，营养丰富，味美多汁，早在20世纪初就已经进入我国香港等地市场，颇受我国香港食客钟爱，并以"徐闻肥羊"之名蜚声华南各地；此外，雷州山羊还有板皮质地优良，其皮革制品柔软、舒适、轻便、弹性好等优势，但也存在产肉性能不高等缺点。

雷州山羊（公羊）　　　　　　　　　雷州山羊（母羊）

雷州山羊（母羊群体）

【产地条件】

雷州山羊是原产于雷州半岛一带，主产于雷州半岛的徐闻、雷州、遂溪等县（市）和海南岛。雷州半岛是中国三大半岛之一（南方第一大半岛），地貌以台地、阶地、低丘陵为主。位于北纬21°15′~21°20′，东经109°22′~110°27′，属热带季风气候，夏、秋多台风和暴雨，但冬无严寒、夏无酷暑，暑长寒短，温差不大。年平均气温23℃，1月平均气温16℃，7月平均气温28℃。年平均降水量1 400~1 700mm，5~10月为雨季，9月为暴雨鼎盛期，有明显的干、湿季之分。常年多风，冬季盛行西北风，夏季盛行东南风，年平均风速3m/s。半岛河川短小，呈放射状，由中部向东、南、西三面分流入海。主要农作物有水稻、甘薯、木薯、甘蔗、花生、芝麻及豆类等。野生牧草茂盛，适合山羊生长。气候温和，水、热、光都适于牧草生长，四季牧草常绿，无枯草期，草山草坡资源丰富，植被类群繁多，宜牧草场总面积21.1万hm²，适合放牧牛羊；灌木林面积6万hm²，一般只适合放牧山羊；还有各种秸秆资源740多万吨，也可作为羊的饲料。

【外貌特征】

雷州山羊多为黑色，也有麻色和褐色。全身被毛短而富有光泽，无贼毛。鼻直额稍凸，耆甲稍高，背腰平直，十字部高，尻短而斜，乳房多呈球状。公、母羊均有须、有角，角向上后方伸展。按体型分为高脚种和矮脚种两个类型。高脚种腹部紧缩，乳房欠发达，多产单羔，好走动，喜攀树枝。矮脚种骨骼较细、腹大，乳房发育良好，产双羔多，采食安定，不择食。

【体重体尺】

雷州山羊体重体尺测定如表4-3所示。

表4-3　雷州山羊体重体尺测定表

性别	体高（cm）	体长（cm）	胸围（cm）	管围（cm）
公羊	57	70	77	8
母羊	55	67	76	7

注：引自DB44/T171-2003雷州山羊

【产肉性能】

雷州山羊屠宰性能测定如表4-4所示。

表4-4　雷州山羊屠宰性能测定表

性别	宰前活重（kg）	胴体重（kg）	屠宰率（%）	净肉率（%）	骨肉比
公羊	22.5 ± 3.0	11.6 ± 2.0	51.6 ± 4.5	39.6 ± 2.5	1 : 3.3
母羊	20.5 ± 4.3	9.7 ± 2.3	47.3 ± 2.1	35.2 ± 2.9	1 : 2.9

注：2007年1~9月测定公、母羊各9只。引自《中国畜禽遗传资源志•羊志》

【繁殖性能】

雷州山羊性成熟年龄公羊5~6月龄、母羊4月龄，初配年龄公羊18月龄、母羊11~12月龄。母羊全年均可发情，但以春、秋两季发情较为集中。发情周期16~21d，发情持续期24~48h，妊娠期146.4d。多数母羊一年两产，少数两年三产，产羔率177.3%，最高一胎可产5羔。初生重公羔1.9kg，母羔1.7kg；3月龄断奶重公羔10.9kg，母羔9.4kg。羔羊断奶成活率98%。

【应用状况】

1997年徐闻县建成了雷州山羊保护场对雷州山羊进行原种场保护，雷州山羊精液和胚胎也已由农业部畜禽牧草种质资源保存利用中心保存。雷州山羊是广东省山羊品种资源群体数量较大的一个品种，1982年有20多万头，占全省羊只总数35万多头的57.14%，全省各地都有零星饲养，但主要分布在雷州半岛和海南岛一带，以徐闻县为主要产区，该县1982年的饲养量达15 446头，这些羊除在当地内销外，还外销全省各地，以及中国香港、广西壮族自治区（以下简称广西）和越南等地。湛江市1999年统计雷州山羊存栏近10万头，占广东省山羊总存栏数的三分之一。1999年雷州山羊存栏约37.7万只，2006年存栏达68.7万只，其中海南省占83%，广东省占17%。

1989年雷州山羊被收录于《中国羊品种志》，2000年被列入《国家畜禽品种保护名录》，2006年被列入《国家畜禽遗传资源保护名录》。广东省2004年1月发布了《雷州山羊》地方标准（DB44/T171-2003）。标准具体规定了雷州山羊的品种特性和等级评定，标准适用于雷州山羊的品种鉴定和种羊等级评定。

（张子军编写）

第三节　大足黑山羊

【品种概要】

大足黑山羊（Dazu Black Goat）属以产肉为主的山羊地方遗传资源，该品种具有多胎性突出、抗病力强、肉质好、耐寒耐旱、抗逆性强、耐粗放饲养管理和采食能力强等特点，适宜于广大山区（牧区）放牧和农区、半农半牧区圈养，其繁殖性能高，产羔率是国内山羊品种和类群中最高的种群之一，是难得的遗传资源，但该资源发现较晚，选育程度较低、个体差异较大。

大足黑山羊（公羊）

大足黑山羊（母羊）

大足黑山羊（群体）

【产地条件】

大足黑山羊原产于重庆市大足县铁山、季家、珠溪等乡镇,分布于重庆市大足县及相邻的地区。大足县位于四川盆地东南,重庆市西部远郊,即川中丘陵与川东平行岭谷交接地带,位于北纬29°23′~29°52′、东经105°28′~106°02′的区域。境内东南起翘,中部低而宽缓,西北部抬高。海拔267~934m,地貌划分为低山、深丘、中丘、浅丘带坝。属亚热带湿润季风气候,具有夏多伏旱、秋多绵雨、冬少霜雪、雨量充沛、雾多日照少等特点。年平均日照数为1 279h,年平均气温为17.3℃,年平均无霜期为323d,年平均降水量为1 004mm,相对湿度为78%~87%,无明显的雨季和旱季。风力在8级以下。境内有溪河293条(段),水资源丰富、水质好。农作物以小麦、蚕豆、水稻、甘薯和玉米等为主,大量作物秸秆、茎叶等农作物副产物为山羊提供了丰富的饲料。

【外貌特征】

大足黑山羊成年公母羊体型较大,全身被毛全黑、较短,肤色灰白,体质结实,结构匀称;头型清秀,颈细长,额平狭窄,多数有角有髯,角灰色较细、向侧后上方伸展呈倒"八"字形;鼻梁平直,耳窄、长,向前外侧方伸出;乳房大、发育良好,呈梨形,乳头均匀对称,少数母羊有副乳头。成年公羊体型较大,颈长,毛长而密,颈部皮肤无皱褶,少数有肉垂;躯体呈长方形,胸宽深,肋骨开张,背腰平直,尻略斜;四肢较长,蹄质坚硬,呈黑色;尾短尖;两侧睾丸发育对称,呈椭圆形。

【体重体尺】

大足黑山羊体重体尺测定如表4-5所示。

表4-5　大足黑山羊体重体尺测定表

性别	体重(kg)	体高(cm)	体长(cm)	胸围(cm)
公羊	59.50 ± 5.80	72.01 ± 2.14	81.25 ± 2.15	96.56 ± 1.96
母羊	40.20 ± 3.60	60.04 ± 3.89	70.21 ± 1.85	84.35 ± 4.38

注:2006年由大足县畜牧兽医局、西南大学动物科技学院测定。引自《中国畜禽遗传资源志·羊志》

【产肉性能】

大足黑山羊屠宰性能测定如表4-6所示。

表4-6　大足黑山羊屠宰性能测定表

性别	只数（只）	宰前活重（kg）	屠宰率（%）	净肉率（%）	骨肉比
公羊	15	35.10 ± 2.87	44.93 ± 2.28	34.24 ± 1.84	3.25
母羊	15	24.04 ± 2.12	44.72 ± 1.24	33.18 ± 1.42	3.12

注：2006年8月由重庆市畜牧技术推广总站，随机选择了农户饲养条件下的12月龄进行了测定。引自《中国畜禽遗传资源志·羊志》

【繁殖性能】

大足黑山羊性成熟年龄公羊4~5月龄、母羊3~4月龄。多数母羊在6月龄左右即配种受孕。母羊常年发情，但多数集中在秋季，以本交为主；发情周期19d，妊娠期147~150d。初产母羊产羔率193%，羔羊成活率90%；经产母羊产羔率252%，羔羊成活率95%。

【应用状况】

2006—2008年建立了2个核心场、30个扩繁场、261个纯繁户，并划定了3个保种区，2004年存栏6 000只左右，据2008年调查，大足黑山羊存栏24 620只，其中种用公羊686只、能繁母羊12 955只。2013年，大足区共建成大足黑山羊资源保护场1个，存栏种羊500只的原种场24个（其中一个为国家级标准化示范场），一级扩繁场（存栏种羊200只以上）49个，二级扩繁场（存栏种羊50只以上）151个，存栏种羊达到7.2万只。存栏种羊达到7.6万只，20只以上的养殖户600余户，标准化养殖企业20余家。

2009年9月，大足黑山羊通过国家畜禽遗传资源委员会羊专业委员会的现场鉴定，2009年10月正式成为国家级畜禽遗传资源。2012年，通过实施商标发展和品牌打造战略，获准大足黑山羊29类和31类地理标志商标注册，实现了大足黑山羊及产品的商标保护全覆盖，有力促进了大足黑山羊产业快速发展，大足黑山羊知名度和影响力不断提升，在中国农产品品牌价值评估中价值为1亿元，并建成国家级标准化示范场1个。大足县着手制定了大足黑山羊国家级标准，新制定

《大足黑山羊繁殖技术规范》等地方标准3个，发布实施《大足黑山羊》等地方标准3个，大足黑山羊已成为重庆市标准最多、涵盖面最广的畜禽品种。

（张子军编写）

第四节 马头山羊

【品种概要】

马头山羊（Matou Goat）是我国优良地方山羊品种，肉皮兼用。体格壮实，被毛白色，无角，头型像马头，当地称之为"马头羊"，也有称"狗头羊""葫芦头羊""无角白山羊"等。马头山羊个体大、生长快、繁殖率高，屠宰率和净肉率高、肉质好；适应性强，耐粗饲，放牧或舍饲都可以。

马头山羊（公羊）

马头山羊（母羊）

马头山羊（群体）

【产地条件】

马头山羊主产于湖北和湖南两省，湖北省的郧阳、恩施、宜昌、神农架林区等地和湖南省常德、黔阳地区以及湘西自治州各县分布较多。产区地处亚热带长江中下游山区，山地面积约占80%，素称"八山半水一分田，半分道路和庄园"。区内山峦重叠，地势高峻。年平均日照1 352~1 972h，年均气温15~18℃。相对湿度70%~80%，降水量800~1 600mm，全年无霜期150~230d。本区内植被繁茂多样，覆盖率70%以上，四季常绿。有天然草场625.08万hm²，可利用草场484.23万hm²。主要野生牧草有胡枝子、三叶草、野豌豆、野葛、苣草、雀稗、苏木蓝等。

【外貌特征】

公、母羊均无角，头顶横轴凹下，形似马头；耳背平直，略向前向下倾斜；四肢端正，蹄质坚实有力。头颈部结合良好，体质结实紧凑，结构匀称。被毛白色，光泽明亮，粗毛，小短尾。公羊雄壮，头顶密生卷曲鬃毛，下颌有髯，颈粗短，背腰平直，腹部紧凑，被毛长10~15cm。母羊清秀，颈细长，后躯发达，乳房发育良好，被毛长3~5cm。

【体重体尺】

马头山羊体重体尺测定如表4-7所示。

表4-7　马头山羊体重体尺测定表

性别	年龄	体重（kg）	体高（cm）	体长（cm）	胸围（cm）
公羊	6月龄	16.1	46.3	50.6	58.2
	周岁	26.8	54.9	60.7	69.9
	成年*	43.8	65.2	77.1	82.9
母羊	6月龄	14.6	44.4	48.5	57.2
	周岁	23.9	52.9	59.0	67.3
	成年*	35.3	62.6	72.2	78.4

注：6月龄及周岁的性状引自《马头山羊生长发育特性的调查研究》；*：成年的性状为2014年10月十堰畜牧局实测

【产肉性能】

马头山羊屠宰性能测定如表4-8所示。

表4-8 马头山羊屠宰性能测定表

性别	宰前活重（kg）	胴体重（kg）	屠宰率（%）	净肉率（%）	骨肉比
公羊	36.2	19.8	54.7	47.8	1∶6.9
母羊	28.9	14.5	50.2	42.7	1∶5.7

注：2014年10月十堰畜牧局实测，公、母羊各10头

【繁殖性能】

马头山羊公、母羔的初情日龄分别为（140.4±16.9）日龄和（108.4±19.1）日龄，母羊发情持续期为（58.6±15.9）h，发情周期为（19.7±1.5）d，妊娠期为（150±7.4）d。马头山羊繁殖率高，一年两胎或两年三胎，窝产羔数平均为（2.14±0.9）头。母羊泌乳性能好，母性强，羔羊平均成活率为90.8%。

【应用状况】

1959年湖北省家畜良种资源调查时初步定名为"马头山羊"；1981年7月，湖北省农牧业厅在猪羊地品种资源讨论会上把各个地区的这一类无角山羊定名为"马头山羊"；1982年马头山羊录入《湖北省家畜家禽品种志》；1982年10月，《中国羊志》编辑组联合考察后，正式命名为"马头山羊"，中心产区在十堰市。1978年开始在郧西县对马头山羊进行提纯复壮工作；1990年湖北省计委批准建设"郧西县马头羊场"，同时建立香口封7个乡镇繁殖群，每个繁殖群规模5 000~6 000头。在这些区域主要进行纯种繁殖和生产。

马头山羊杂交利用工作开展较早，杂种优势明显。湖北引进波尔山羊、努比山羊和当地的马头山羊进行二元杂交和三元杂交，杂交后代的体高、体长、胸围等指标都明显提高，波尔山羊与努马二元杂交母羊进行的三元杂交后代育肥效果最明显，经济效益显著。其中，波尔山羊×马头山羊是优势杂交组合。目前90%的群体被杂交，纯种选育和保护工作需要加强。

马头山羊也被引种到全国各地，作为杂交父本与当地山羊进行杂交，显著提

高当地山羊的肉用性能。

2003年湖北省发布马头山羊地方标准（DB42/T244-2003）；2004年发布"马头山羊饲养与疫病防治技术规范"；2008年国家质量技术监督总局、国家标准化委员会发布马头山羊国家标准（GB/T22912-2008）；2010年"郧西马头山羊"获国家农产品地理标志产品。

（姜勋平编写）

第五节 麻城黑山羊

【品种概要】

麻城黑山羊（Macheng Black Goat）原称"麻羊""青灰羊"或"土灰羊"。被毛乌黑，体形高大，遗传性能稳定，生长发育快、育肥性能好、繁殖能力强、肉质好、膻味轻、耐粗饲、适应性强。

麻城黑山羊（公羊）

麻城黑山羊（母羊）

麻城黑山羊（群体）

【产地条件】

麻城黑山羊产于鄂豫皖3省交界的大别山地区，中心产区为湖北省麻城市，数量10万多只；周边豫南地区有4万多只。产区地处鄂东低中山丘陵区，平均海拔250m，年平均气温12.8~16.1℃，常年相对湿度70%~80%，年日照时间2 036.7~2 153.1h，年降水量1 067~1 475mm，无霜期230d，属大陆季风性气候过渡区，具有日照充足、雨量适中等气候特点。土壤以黄棕壤为主，主要牧草有杜鹃、胡枝子、白茅、黄背草、狗牙根、马唐等，农作物主要有水稻、麦类、棉花、油菜、花生、大豆、甘薯、玉米等，产区具有丰富的牧草和农作物秸秆资源，饲料充足。

【外貌特征】

麻城黑山羊体质结实，结构匀称。被毛粗黑，毛短贴身，有光泽，部分羊有绒，成年公羊背部毛长5~16cm；部分羊初生黑色，3~6月龄毛色变为黄褐，之后又逐渐变黑。有角或无角，无角羊头略长，近似马头；有角羊角粗壮，多呈"倒八"字形。耳大，向前稍下垂。公羊6月龄左右开始长髯，长髯者一直连至胸前；母羊一般周岁左右长髯。成年公羊颈粗短，母羊颈细长。头颈肩结合良好，前胸发达，后躯发育良好，背腰平直，四肢端正粗壮，蹄质坚实。母羊乳房发达，有效乳头2个，少数母羊还有2个副乳头。尾短上翘。

【体重体尺】

麻城黑山羊体重体尺测定如表4-9所示。

表4-9　麻城黑山羊体重体尺测定表

性别	年龄	体重（kg）	体高（cm）	体长（cm）	胸围（cm）
	6月龄	18.3 ± 4.0	54.3 ± 1.4	59.3 ± 2.8	65.4 ± 2.1
公羊	周岁	27.4 ± 7.9	61.0 ± 4.2	65.1 ± 6.6	74.7 ± 5.8
	成年	37.0 ± 3.0	62.9 ± 4.9	65.9 ± 6.0	80.9 ± 2.9

（续表）

性别	年龄	体重（kg）	体高（cm）	体长（cm）	胸围（cm）
	6月龄	16.1 ± 3.4	53.1 ± 1.9	55.9 ± 3.9	1：（60.9 ± 2.6）
母羊	周岁	25.4 ± 5.7	58.5 ± 4.0	64.5 ± 5.9	1：（74.2 ± 7.1）
	成年	36.8 ± 7.5	59.3 ± 4.6	64.4 ± 4.9	1：（77.0 ± 4.9）

注：6月龄公羊29只，母羊25只；周岁公羊34只，母羊44只；成年公羊25只，母羊112只。引自《麻城黑山羊的种质和适应性研究》

【产肉性能】

麻城黑山羊屠宰性能测定如表4-10所示。

表4-10　麻城黑山羊屠宰性能测定表

性别	宰前活重（kg）	胴体重（kg）	屠宰率（%）	净肉率（%）	骨肉比
公羊	38.56 ± 5.52	19.85 ± 4.41	51.47 ± 1.68	38.42 ± 4.79	1：（2.94 ± 0.23）
母羊	30.78 ± 4.53	14.93 ± 3.68	48.52 ± 2.27	36.53 ± 3.58	1：（3.05 ± 0.21）

注：2014年10月华中农业大学实测

【繁殖性能】

麻城黑山羊产羔率高，初产和经产母羊平均产羔率分别为141.18%和219.15%。性成熟早，一般在3月龄左右开始表现出性行为，公羊5月龄、母羊4月龄达到性成熟，适配年龄母羊为8月龄，公羊为10月龄。母羊发情周期为20d左右，发情持续期为1.5~3d，产后发情一般为18~23d，妊娠期一般为149~150d。发情季节性强，通常母羊是在每年8月开始发情，发情旺季在9~11月。

【应用状况】

麻城黑山羊是从产区本地羊选育而成的地方良种。1982—1986年，麻城市福田河镇畜牧兽医站开展了品种资源的挖掘扩群，提名为"福田河黑山羊"；1987—1994年，湖北农学院刘长森教授一行利用大别山科技扶贫项目，开展了黑山羊的调查，选择个体大、生长快、性情温驯的黑山羊留种，开展选种选配工作，主要生产性状得到提高，遗传性能趋于稳定，称为"麻城黑山羊"；1995—2001年，湖北省畜牧局大力支持和技术指导，进一步促进了麻城黑山羊的纯种扩繁和推广工作，其各项生产性能都比原有的黑山羊大幅度提高。2002年经湖北省畜禽品种审定委员会审核确定正式命名为"麻城黑山羊"，并于2004年首次载入《湖北省家畜家禽品种志》。2005年制订了麻城黑山羊品种标准（DB42/T333-2005），并于2009年通过了国家畜禽遗传资源委员会的鉴定，入选国家畜禽遗传资源品种目录（农业部第1325号公告），成为国家级优良地方品种。目前麻城黑山羊以纯繁为主，纯繁生产黑山羊主要是满足市场对黑色品种的偏好。

（姜勋平编写）

第六节　川中黑山羊

【品种概要】

川中黑山羊（Chuanzhong Black Goat）是以产肉为主的四川省地方山羊品种，按照不同地理位置又分为乐至型和金堂型。具有体型大，繁殖力高，成熟早，肉用性能好，适应性强，耐粗饲，遗传性稳定等优良特性。今后应进一步加强选育，提高产肉性能和规模饲养水平。

川中黑山羊（公羊）

川中黑山羊（母羊）

川中黑山羊（群体）

【产地条件】

川中黑山羊原产于四川省乐至县和金堂县，分布于安岳、雁江、中江、青白江、安居、大英等县（区）。主产区（乐至县）位于四川盆地中部，境内丘陵起伏，漕地棋布。海拔306~585m，年平均气温16.6℃，最高气温38.9℃，最低气温−3.7℃，年平均降水量890.2mm，平均相对湿度80%，无霜期297d，年日照平均为1 330h。农业物产丰富，是四川粮经作物主要产区，主要生产水稻、玉米、小麦、油菜、豆类作物和桑蚕等，草山草坡、林间田隙野生牧草和农副作物秸秆饲料资源非常丰富。

【外貌特征】

体格大，体躯匀称、略呈长方形，体质结实，结合良好。头中等大小，鼻梁隆，耳较大、垂耳或半垂耳；头、颈、肩结合良好，背腰宽平，四肢粗壮，蹄质坚实。全身被毛黑色，毛短而富有光泽，冬季被毛内层着生短而细密的绒毛，少数羊头顶有栀子花样白毛；有角或无角，有角占33%，无角占67%。公羊雄壮，角粗大、向后弯曲，下颌有毛髯，睾丸发育良好、对称；母羊体型清秀，角较小，呈镰刀状，乳房发育良好、呈球形或梨形，乳头大小适中、对称。部分羊有肉髯。

【体重体尺】

川中黑山羊体重体尺测定如表4-11所示。

表4-11　川中黑山羊体重体尺测定表

性别	年龄	体重（kg）	体高（cm）	体长（cm）	胸围（cm）
公羊	6月龄（221只）	28.23	58.99	63.86	67.26
	周岁（212只）	42.23	66.62	71.34	78.33
	成年（207只）	71.24	78.56	85.25	96.12
母羊	6月龄（1 280只）	23.33	53.27	56.33	62.77
	周岁（1 136只）	34.51	59.32	64.33	71.18
	成年（3 160只）	48.41	68.37	73.52	85.63

注：引自《乐至黑山羊》，括号内为测定羊只数

【产肉性能】

川中黑山羊屠宰性能测定如表4-12所示。

表4-12　川中黑山羊屠宰性能测定表

性别	宰前活重（kg）	胴体重（kg）	屠宰率（%）	净肉率（%）	骨肉比
公羊（6月龄）	31.04	15.65	50.42	36.95	1：3.64
母羊（6月龄）	27.21	13.13	48.25	36.42	1：3.25
公羊（周岁）	43.04	21.88	50.84	38.96	1：3.05
母羊（周岁）	39.29	17.66	47.36	35.43	1：2.69

注：引自《乐至黑山羊》，屠宰数各为6只

【繁殖性能】

川中黑山羊初情期为3~4月龄，初配年龄为5~6月龄，公羊初配年龄为8~9月龄；母羊发情周期为20.3d，发情持续期为48.6h，妊娠期为150.1d，年产1.72胎。据乐至县1 096只产羔母羊的统计，平均产羔率为240.69%，初产母羊为205.95%，经产母羊为252.00%；金堂型母羊产羔率初产母羊189.30%，经产母羊245.42%。

【应用状况】

川中黑山羊的选育起始于20世纪30年代，20世纪80年代，乐至县又引入13只奴比亚公羊改良本地黑山羊，并同时开展全面、系统的杂交选育工作。在1949—1979年，乐至县存栏数一直徘徊于1万~6万只，至1994年增加到10万余只。特别是自1995年以来，乐至县先后实施了国家级、省级"秸秆养羊示范县""乐至黑山羊生产性能研究""优质肉羊生产综合技术推广"等项目，极大地推动了当地肉山羊生产发展，至2000年全县存栏数增加到35.13万只，2014年又增加到45万只。目前，川中黑山羊主产区的存栏数已达100多万只。向四川、云南、贵州、广西、江苏等全国10多个省区推广种羊10万余只，为促进当地黑山羊生产发挥了重要作用。制定有四川省地方标准《乐至黑山羊》（DB51/481-2005）。2003年通过四川省畜禽品种审定委员会审定，2009年通过国家畜禽遗传资源委员会鉴定，2011年被收入《中国畜禽遗传资源志•羊志》。

（徐刚毅编写）

第七节　成都麻羊

【品种概要】

成都麻羊（Chengdu Gray goat）亦称四川铜羊，属肉皮兼用型山羊地方品种。具有适应性强、耐湿热、耐粗饲、食性广、肉质细嫩、板皮品质优良、抗病力强、遗传性能稳定等优良特性。主要为农户分散饲养，规模化生产程度不高，重点应加强本品种选育，提高生产性能和产肉性能。

成都麻羊（公羊）

成都麻羊（母羊）

成都麻羊（群体）

【产地条件】

成都麻羊原产于大邑县和双流县，分布于成都市的邛崃市、崇州市、新津县、龙泉驿区、青白江区、温江堰市、彭州市及阿坝州的汶川县。产区属亚热带气候，海拔471~1 500m，年平均气温15.2~16.6℃，年降水量900~1 300mm，平均相对湿度82%，无霜期大于337d，年日照时数1 042~1 412h。产区土壤肥沃，物产丰富，可利用草山草坡、林间田隙和秸秆饲草料资源非常丰富。

【外貌特征】

体格中等大，体质结实，结构匀称。头大小适中，鼻梁竖直，耳为竖耳，角呈镰状；头、颈、肩结合良好，背腰宽平，尻部略斜；四肢粗壮，肢势端正，蹄质坚实。全身被毛呈赤铜色或麻褐色，腹部毛色渐浅，有光泽，冬季内层着生短而细密的绒毛，沿背脊和两前肢有一明显十字交叉的黑色毛带而形成"十字架"，颜面两侧有一对称的浅色毛带，形似"画眉眼"。公羊雄壮，前躯发达，四肢粗壮，颈下着生粗长毛髯，睾丸大小适中、对称，发育良好；母羊体躯较清秀、略呈楔形，后躯深广，乳房呈球形或梨形，乳头大小适中、分布均匀。公羊及多数母羊有胡须，部分羊有肉髯。

【体重体尺】

成都麻羊体重体尺测定如表4-13所示。

表4-13 成都麻羊体重体尺测定表

性别	年龄	体重（kg）	体高（cm）	体长（cm）	胸围（cm）
	6月龄（30只）	21	56	59	65
公羊	周岁（30只）	29.14	60.24	64.11	69.19
	成年（15只）	43.31	68.10	69.78	77.42
	6月龄（43只）	18	54	56	59
母羊	周岁（42只）	54.35	61.67	64.32	68.70
	成年（41只）	39.14	64.66	70.45	78.06

注：2005年9月由大邑县畜牧局测定，引自《中国畜禽遗传资源志•羊志》；6月龄羊资料引自《成都麻羊》DB51/T654-2007

【产肉性能】

成都麻羊屠宰性能测定如表4-14所示。

表4-14 成都麻羊屠宰性能测定表（周岁）

性别	宰前活重（kg）	胴体重（kg）	屠宰率（%）	净肉率（%）	骨肉比
公羊（5只）	30.50	13.97	45.80	36.36	1：2.60
母羊（6只）	30.25	12.79	42.28	37.26	—

注：2005年9月由大邑县畜牧局测定，引自《中国畜禽遗传资源志•羊志》

【繁殖性能】

成都麻羊性成熟年龄公羊6月龄，母羊3~4月龄，初配年龄公羊为7~8月龄、母羊为6~7月龄。母羊发情周期20d，妊娠期148d，年产1.7胎，平均产羔率211.81%，初产母羊141.70%，经产母羊产羔率239.56%。

【应用状况】

成都麻羊主要为当地农户自繁自养，2000年成都市存栏成都麻羊30多万只，并在大邑、邛崃、双流建立保种基地。早在20世纪70年代就已先后推广云南、广东、山东、北京、河北、新疆等地，均表现出良好的适应性。目前在大邑县建有一个省级遗传资源保护场和省级畜禽养殖标准化示范场。成都麻羊存栏约35万余只。近年来，由于地处成都周边地区，一些养殖地区受到城乡一体化建设的挤压，加之养殖的比较经济效益下降，导致羊只数量减少，规模饲养程度不高。1987年被收入《四川家畜家禽品种志》，1989年被收入《中国羊品种志》，2011年收入《中国畜禽遗传资源志•羊志》，2014年列入国家畜禽遗传资源保护名录。

（徐刚毅，何家良编写）

第八节　古蔺马羊

【品种概要】

古蔺马羊（Gulin Ma Goat），属肉皮兼用型山羊地方品种，具有体型较大、性成熟早、繁殖力高、板皮面积大品质好、增长快、产肉多、适应性广等特点。今后应加强本品种选育，提高群体整齐度、产肉性能和繁殖力。

古蔺马羊（公羊）

古蔺马羊（母羊）

古蔺马羊（群体）

【产地条件】

古蔺马羊原产于四川省古蔺县，分布于四川的叙永、纳溪、泸县等地，贵州的习水、仁怀、金沙等地也有零星分布。古蔺县地处四川南部边缘山区与云贵高原接壤处，海拔300~1 843m，年平均气温13.5℃，最高气温38.0℃，最低气温-5.0℃，年平均降水量1 100mm，平均相对湿度83%，无霜期232d，年日照平均为1 100h。农作物主要以产水稻、玉米、小麦、大豆、荞麦为主，森林覆盖面、可利用草山草坡面积大，饲草料资源非常丰富。

【外貌特征】

古蔺马羊体格较大，体躯呈砖块形，体质结实、结构匀称。头部中等大，额微突，鼻梁平直，两耳向侧前方伸直，面部两侧各有一条白色毛带；头、颈、肩结合良好，背腰宽平、尻部略斜；四肢粗壮，肢势端正，蹄质坚实。被毛主要有两种颜色，一种为麻灰色，另一种为褐黄色。一般腹部毛色较体躯毛色浅，母羊被毛较短，公羊被毛较长，在颈部、肩部、腹侧和四肢下端多为黑灰色的长毛。公、母羊大多数无角，形似马头。公羊雄壮，四肢粗壮，颈下着生粗长毛髯，睾丸大小适中、对称，发育良好；母羊体躯较清秀、略呈楔形，后躯深广，乳房呈球形或梨形，乳头大小适中、分布均匀。公、母羊均有胡须，部分羊有肉髯。

【体重体尺】

古蔺马羊体重体尺测定如表4-15所示。

表4-15　古蔺马羊体重体尺测定表

性别	年龄	体重（kg）	体高（cm）	体长（cm）	胸围（cm）
公羊	周岁（20只）	32.53	53.20	54.31	66.20
	成年（80只）	46.50	72.00	72.50	82.00
母羊	周岁（20只）	28.27	52.21	51.12	59.80
	成年（80只）	38.20	63.00	64.00	76.00

注：2005年9月由古蔺县畜牧局测定，引自《中国畜禽遗传资源志•羊志》

【产肉性能】

古蔺马羊屠宰性能测定如表4-16所示。

表4-16　古蔺马羊屠宰性能测定表（周岁）

性别	宰前活重（kg）	胴体重（kg）	屠宰率（%）	净肉率（%）	骨肉比
公羊（15只）	32.51	14.26	43.86	30.64	1∶4.32
母羊（15只）	28.45	11.38	40.00	27.94	1∶4.25

注：2005年9月由古蔺县畜牧局测定，引自《中国畜禽遗传资源志·羊志》

【繁殖性能】

古蔺马羊初配年龄公羊7月龄，母羊6月龄。发情周期20d，发情持续期为48~72h，妊娠期141~151d，一般年产两胎，平均产羔率175.0%。初产母羊产羔率150%，经产母羊200%。

【应用状况】

古蔺马羊产区是汉族和苗族人民杂居地区，特别是苗族人民长期以来养羊较多，并有去势育肥、吃烫皮羊肉的习惯。每逢过年或红白喜事，常宰杀肥大羯羊作酒席。1985年古蔺马羊种群数量为2 525只，1995年发展至18 179只。随后的10多年时间里，该品种羊受到引进种羊杂交改良的影响，其纯种羊数量曾一度有所减少。目前约有10多万只，规模饲养程度不高。1987年被收入《四川家畜家禽品种志》，1988年被收入《中国山羊》，2011年收入《中国畜禽遗传资源志·羊志》。

（周光明，徐刚毅编写）

第九节　云岭山羊

【品种概要】

云岭山羊（Yunling Goat）又名云岭黑山羊，属肉皮兼用型山羊地方品种。云岭山羊是云南省山羊中数量最多、分布最广的地方良种。主产于云南省境内云岭山系及其余脉的哀牢山、无量山和乌蒙山延伸地区，故通称为云岭山羊。云岭山羊具有肉质好、板皮品种优良、早熟、耐粗饲、适应性和抗病力强、遗传性稳定等优点，但也存在生长速度慢、母羊产羔率和泌乳性能相对较低等缺点。

云岭山羊（母羊）

云岭山羊（公羊）

云岭山羊（群体）

【产地条件】

云岭山羊分布较广，在云南省内存栏量较多的三州（市）是曲靖市、楚雄州、大理州。中心产区楚雄州位于北纬24°13′~26°30′，东经100°43′~102°30′，地处云南中部，属横断山脉和云贵高原的过渡带，海拔556~3 657m。属半干旱大陆性气候区，气温日差大，立体气候明显，年平均气温16.3℃，最高气温42℃，最低气温-8.4℃，无霜期244d。年降水量850.0mm，5~10月降水量集中，相对湿度69%。年平均日照时数2 379h。主风向为偏南风。

土壤以紫色土为主，间有红壤、山地黄棕壤等。主要农作物有水稻、玉米、小麦、豆类、油菜、荞麦、燕麦、薯类、蔬菜等。共有可利用草山草坡面积186.16hm²，占总面积的63.7%，均为林间草场，灌木林丰富，年产鲜草1 022.2万t。饲料作物主要有多花黑麦草、紫花苜蓿、蚕豆茎叶糠和其他农作物秸秆等。

【外貌特征】

云岭山羊体躯近似长方形，结构匀称。被毛粗有光泽，毛色以黑色为主，占80%以上，其他为黑褐色、黄白花、杂色等。头大小适中，额稍凸，鼻梁平直，耳中等大小、直立。颈长短适中，公母羊颌下皆有须。公、母羊均有角，呈倒"八"字形，扁长稍有弯曲，向后再向外伸展。公羊角粗大，母羊角稍细。部分羊颈下有肉垂。背腰平直，肋微拱，腹大，尻略斜。尾粗短上举。四肢粗短结实，蹄质结实呈黑色。公羊睾丸发育良好，母羊乳房小，呈梨形。

【体重体尺】

云岭黑山羊体重体尺测定如表4-17所示。

表4-17　云岭黑山羊体重体尺测定表

性别	年龄	体重（kg）	体高（cm）	体长（cm）	胸围（cm）
	6月龄	22.83 ± 0.68	50.74 ± 2.63	54.78 ± 3.13	60.59 ± 2.00
公羊	周岁	31.96 ± 2.09	61.03 ± 3.50	64.88 ± 2.79	73.46 ± 4.22
	2岁	42.21 ± 4.62	63.7 ± 3.16	69.9 ± 4.49	84.36 ± 5.80

（续表）

性别	年龄	体重（kg）	体高（cm）	体长（cm）	胸围（cm）
	6月龄	19.40 ± 2.12	45.93 ± 3.76	50.14 ± 2.61	57.13 ± 2.94
母羊	周岁	29.78 ± 2.86	56.08 ± 2.97	60.12 ± 3.17	70.96 ± 4.43
	2岁	36.81 ± 4.63	61.00 ± 3.05	65.40 ± 4.06	79.74 ± 4.78

注：由云南省畜牧兽医科学院科研人员于2005—2007年在云南省种羊繁育推广中心测定公、母羊各15只

【产肉性能】

云岭山羊屠宰性能测定如表4-18所示。

表4-18　云岭山羊屠宰性能测定表

性别	宰前活重（kg）	胴体重（kg）	屠宰率（%）	净肉率（%）	骨肉比
公羊	30.50 ± 4.97	14.35 ± 2.21	47.05	33.54	1∶4.03
母羊	24.40 ± 5.26	10.55 ± 1.64	43.24	29.71	1∶3.37

注：2006年10月，由楚雄州畜牧兽医站、大姚县畜牧兽医站选择农户正常饲养管理条件下的8只周岁公羊，7只周岁母羊进行屠宰测定。引自《云南省畜禽遗传资源志》（2015年出版）

【繁殖性能】

云岭山羊一般4月龄左右出现性行为，公羊6~7月龄性成熟，10~12月龄开始初配；母羊6~7月龄性成熟，10~12月龄开始初配。高海拔地区性成熟稍晚，平坝、低河谷地区性成熟相对要早。公羊利用年限一般4~5年、母羊6~8年。母羊常年发情，春、秋季节发情最集中，采取秋配（8~9月）春产或春配（3~4月）秋产，母羊发情持续期1~2d，发情周期平均21d，妊娠期平均150d，产羔率125%。

【应用状况】

云岭山羊分布广泛，饲养历史悠久，1987年被录入《云南省家畜家禽品种志》，2009年被列入《云南省省级畜禽遗传资源保护名录》，2011年被录入《中国畜禽遗传资源志·羊》，2011年，全国畜牧总站和云南省畜牧兽医科学院完成了云岭山羊种质资源的冷冻保存工作，2011年被评为云南"六大名羊"之一。2014年末，云南省存栏云岭山羊680万余只。长期以来，南方有爱吃黑色毛被羊

羊肉偏好，云岭山羊适应性好，存栏基数多，纯黑色为主，是具有产业化前景的地方良种，但鉴于生产性能不高，需要用其他生产性能和适应性更好的黑色品种山羊杂交改良。近20多年来，云南省畜牧兽医科学院在对云岭山羊本品种选育、提纯复壮基础上利用努比山羊公羊和云岭山羊母羊进行了长期的杂交选育，正在培育云南黑山羊新品种。该品种具有繁殖率高、泌乳性能好、个体大、产肉多、生长速度快、肉质好、适应性强、适合规模化标准化养殖等优点，将成为未来云岭山羊杂交改良的重要父本。

（邵庆勇编写）

第十节　龙陵黄山羊

【品种概要】

龙陵黄山羊（Longling Yellow Goat）俗名龙陵山羊，属以产肉为主的地方品种，主产于云南省保山市龙陵县。龙陵黄山羊具有被毛黄褐色或褐色、膻味轻、肌纤维细嫩、生长发育快、适应性强、繁殖率、屠宰率高、肉质好等特点，是具有产业化前景的地方良种。

龙陵黄山羊（母羊）

龙陵黄山羊（公羊）

龙陵黄山羊（群体）

【产地条件】

主产区龙陵县位于北纬24° 07′~24° 51′、东经98° 25′~99° 11′，地处云南西部边境地区，为滇西横断山脉及高黎贡山支系，多丘状高原及山地，并有少量中坝和低坝，海拔5 37.0~3 001.6m，属典型的低纬度、高海拔季风气候。年平均气温15.3℃，最高气温29.9℃，最低气温-2.6℃，无霜期242d。年降水量2 088mm，降水多集中在5~10月，年平均蒸发量1 465mm，相对湿度86%。土壤性质偏酸，有棕壤、黄棕壤、黄壤、红壤、紫色土、石灰土、燥红土、砖红壤性红壤等八大类。农作物以水稻、小麦、大麦、玉米、大豆、马铃薯为主。主要饲料作物和牧草有芭蕉芋、木薯、黑麦草、鸭茅、白三叶、野古草、白茅、莎草、马唐等。草山草坡面积大，饲料资源丰富。

【外貌特征】

龙陵黄山羊体格高大，整个体躯略呈圆通状，被毛为黄褐色或褐色。公羊全身着生长毛，额上有黑色长毛，枕后沿脊至尾有黑色背线，肩胛至胸前有一圈黑色项带，与背线相交成十字形（俗称"领褂"），股前、腹壁下缘和四肢下部为黑毛；母羊全身着生短毛，鬃毛为黑毛。

头中等大小，额短宽。大部分有角，角向后、向上扭转。公羊颌下有须。胸宽深，背腰平直，体躯较长，后驱发育良好，尻稍斜。四肢相对较短，蹄质坚实。皮薄而富有弹性，短尾。

【体重体尺】

龙陵黄山羊体重体尺测定如表4-19所示。

表4-19 龙陵黄山羊体重体尺测定

性别	年龄	体重（kg）	体高（cm）	体长（cm）	胸围（cm）
	6月龄	23.50 ± 1.63	50.47 ± 2.30	53.87 ± 2.13	61.20 ± 2.10
公羊	周岁	33.17 ± 4.80	59.01 ± 3.23	61.89 ± 2.77	74.85 ± 4.05
	2岁	48.9 ± 7.11	67.69 ± 3.29	71.48 ± 3.51	85.39 ± 5.59

（续表）

性别	年龄	体重（kg）	体高（cm）	体长（cm）	胸围（cm）
	6月龄	20.52 ± 2.27	47.36 ± 2.87	52.41 ± 2.16	60.57 ± 2.13
母羊	周岁	30.64 ± 5.42	56.75 ± 4.34	59.9 ± 3.74	72.43 ± 5.21
	2岁	41.81 ± 7.31	62.73 ± 3.53	67.58 ± 4.14	82.20 ± 6.39

注：2001—2005年，云南肉山羊品种选育及配套技术的研究与应用项目实施过程中，项目组成员在龙陵县乌木山、勐蚌两基地对42只公羊、443只母羊分别进行体尺、体重测定

【产肉性能】

龙陵黄山羊屠宰性能测定如表4-20所示。

表4-20　龙陵黄山羊屠宰性能测定

性别	宰前活重（kg）	胴体重（kg）	屠宰率（%）	净肉率（%）	肉骨比
公羊	30.41 ± 2.01	15.87 ± 1.98	52.19 ± 3.57	40.12 ± 4.25	3.34 ± 0.43
母羊	28.21 ± 3.62	14.32 ± 2.05	50.76 ± 3.43	35.86 ± 3.91	3.46 ± 0.33

注：2006年10月，龙陵县畜牧工作站选择年龄1.5岁公羯羊15只、母羊18只进行屠宰测定。《云南省畜禽遗传资源志》（2015年出版）

【繁殖性能】

公羊5~6月龄性成熟，10~12月龄开始初配；母羊7~8月龄性成熟，10~12月龄开始初配。母羊常年发情，但在5月和10月发情最集中，发情周期平均21d，发情持续期1~2d，妊娠期平均150d，产羔率169.1%。公羊利用年限3~5年、母羊5~7年。

【应用状况】

龙陵黄山羊是在龙陵当地特殊的自然环境及社会经济条件下，经过长期的自然选择和人工选择形成的优良地方山羊品种。龙陵黄山羊体型大而紧凑，肉质细嫩、膻味小，耐粗放饲养管理，有较强的抗病能力。1987年被录入《云南省家畜家禽品种志》，2005年6月，云南省质量技术监督局发布了《龙陵黄山羊养殖综合标准》（DB 53T 142.1—142.6-2005）。2009年龙陵黄山羊被列入《云南省省级畜禽遗传资源保护名录》，2011年被录入《中国畜禽遗传资源志·羊》，2011

年被评为云南"六大名羊"之一，2012年获"龙陵黄山羊"地理标志证明商标，2013年获农业部《农产品地理标志登记证书》。2013年，全国畜牧总站和云南省畜牧兽医科学院完成了龙陵黄山羊种质资源的冷冻保存工作。为了加快龙陵黄山羊产业化发展步伐，着力打造龙陵黄山羊品牌，2013年，龙陵县委、县政府出台了《关于加快龙陵黄山羊产业发展的实施意见》（2013—2020年），安排县级专项扶持资金，鼓励大力发展龙陵黄山羊。2014年龙陵黄山羊被列入《国家级畜禽遗传资源保护名录》，2014年末存栏龙陵黄山羊11.18万只。

经过20多年的本品种选育，龙陵黄山羊无论种群规模还是品种质量，均已得到较大提高。今后应加强选育，改善饲养条件，健全繁育体系，提高生产水平，重点提高其产肉性能。

（邵庆勇编写）

第十一节　贵州黑山羊

【品种概要】

贵州黑山羊（Guizhou Black Goat）是贵州优良的地方肉用山羊品种。适应当地潮湿的气候，耐粗饲，抗逆性强，善攀爬，肉膻味轻、味鲜美，深受当地和广西、广东和海南市场欢迎。但品种内个体差异大，体格偏小，生长比较缓慢，黔西北毕节等高寒地区的群体产羔率较低。

贵州黑山羊（母羊）

贵州黑山羊（公羊）

贵州黑山羊（群体）

【产地条件】

主产于威宁、赫章、水城、盘县等县，分布在贵州西部的毕节、六盘水、黔西南、黔南和安顺等五个市（州）所属的30余个县（区）。

产区位于云贵高原东面，地势西高东低，地貌复杂，以高原和山地面积居多，大部分为破碎的强切割山原，谷地幽深，海拔1 500~2 400m，平均海拔1 950m。属暖温带温凉春干气候类型。年平均气温10.6~15.2℃，年最高温度在33.6℃，极端最低温度在-7.9℃，相对湿度70%~85%，无霜期183~271d（3~10月），年平均降水量1 000~1 200mm，雨季为5~7月，年日照1 096~1 769h。土质以黄壤、黄棕壤为主，盘县南部可见红壤，海拔较高的山脊，可见到山地灌丛草甸土。主产区草山草坡面积宽广，多为次生植被，天然牧草资源丰富。饲料作物以玉米、洋芋为主。产区是多民族聚居地区，有彝族、回族、苗族等45种民族，各少数民族人口占总人口比重25.88%。

【外貌特征】

体格中等，结构匀称，四肢略显细长，但坚实有力，体躯呈圆筒状、侧面近似呈长方形，体质结实；头狭长，耳小、向前平伸，多数有角，角扁平或半圆，从后上方向外微弯，呈镰刀形；无角的群体，俗称"马头羊"，又名贵州黑马羊。公羊角粗壮，母羊角纤细，公羊颈短粗、胸宽深，母羊颈部细长、胸部较窄，背腰平直，肋骨开张较好，尻略斜。被毛以黑色为主，有少量的褐色、白色和体花。据统计，黑色占60%~70%，麻色占20%，白色及体花占10%。依被毛长短和着生部位的不同，可分为长毛型、半长毛型和短毛型三种，即当地群众俗称的"蓑衣羊""半蓑衣羊"和"滑板羊"；颌下有髯，部分羊颈部有1~2个肉垂。

【体重体尺】

贵州黑山羊体重体尺测定如表4-21所示。

表4-21 贵州黑山羊体重体尺测定表

性别	年龄	体重（kg）	体高（cm）	体长（cm）	胸围（cm）
公羊	6月龄	14.47±2.22	38.66±4.45	45.13±3.26	47.11±4.04

（续表）

性别	年龄	体重（kg）	体高（cm）	体长（cm）	胸围（cm）
公羊	周岁	24.88 ± 4.13	55.77 ± 5.22	59.33 ± 4.36	62.11 ± 5.86
	2岁	32.72 ± 6.54	57.46 ± 7.73	56.58 ± 5.61	73.60 ± 7.56
母羊	6月龄	13.82 ± 2.17	36.32 ± 4.37	41.74 ± 3.61	42.33 ± 4.33
	周岁	21.02 ± 3.79	52.43 ± 4.68	53.22 ± 4.58	60.36 ± 5.43
	2岁	29.83 ± 7.26	57.54 ± 5.25	57.59 ± 5.79	73.35 ± 7.21

注：6月龄、周岁数据来自程朝友等（2012），2岁数据来自2007年盘县畜禽品种改良站陈历俊等测定

【产肉性能】

贵州黑山羊屠宰性能测定如表4-22所示。

表4-22　贵州黑山羊屠宰性能测定表

性别	宰前活重（kg）	胴体重（kg）	屠宰率（%）	净肉率（%）	骨肉比
公羊	29.60 ± 3.49	13.05 ± 2.57	43.99 ± 2.57	31.06 ± 2.23	2.88 ± 0.13
母羊	27.65 ± 4.86	12.01 ± 2.35	43.45 ± 4.27	31.99 ± 3.81	3.14 ± 0.31

注：2006年毛凤显、罗卫星、陈历俊等对贵州黑山羊成年羊屠宰测定

【繁殖性能】

海拔较高的毕节、六盘水市，母羊春秋发情较为集中，产羔率150%，海拔较低的黔南州等地，母羊四季发情，经产母羊多为双羔；公羊4月龄性成熟、7月龄初配，母羊6月龄性成熟、9月龄初配，平均发情周期20d，妊娠期（149±3）d。

【应用状况】

毕节市牧科所与赫章县畜牧局在赫章县对贵州黑山羊中的无角群体进行了选育，在2006年全国畜禽资源调查中被命名为贵州黑马羊。"十二五"期间，国家现代肉羊产业技术体系贵阳试验站在花溪区麦坪基地、盘县平安黑山羊种羊场对贵州黑山羊的体重、产羔率进行了选育。2012—2013年，贵阳试验站在贵阳市花溪区麦坪基地对贵州黑山羊进行保种工作，共制作A级冷冻胚胎209枚，冷冻精液3 200余支，填补了全国畜牧总站基因库中贵州黑山羊的空白。

贵阳试验站根据2012年末贵州省到县羊存栏统计数、该品种分布区域及其所

占比例推算，全省贵州黑山羊存栏100万只左右。

2000年左右，产区引入波尔山羊对贵州黑山羊进行杂交，虽然波杂羊个体大、生长快，但是毛色变为花白，市场活重价格比贵州黑山羊低2~4元/kg，推广受到一定限制。2010年左右，各地从云南等地引入黑色的努比亚杂交羊对本地羊进行杂交，后代不仅体格大、生长快，而且母羊的泌乳性能得到了改善，效果较好。

贵州省地方标准《贵州黑山羊》（DB52/401-2004）2004年3月由贵州省质量技术监督局发布。

该品种适应西北部湿冷的气候条件，放牧能力强，耐粗饲，抗逆性强，个体中等，肉质好，应加强选育，提高生长速度和繁殖率。

（毛凤显编写）

第十二节 贵州白山羊

【品种概要】

贵州白山羊（Guizhou White Goat），是贵州优良的肉用地方山羊品种。耐粗饲，抗逆性强，繁殖力强（性成熟早，一般两年三胎或一年两胎，每胎多为双羔），四肢较短，善攀爬，早期生长发育较快。肉质鲜嫩，膻味轻，其板皮属"四川路"，板皮平整，厚薄均匀，纤维组织致密，柔韧，质地良好，富有弹性，张幅适中，是制革的上乘原料。但品种内个体差异大，体格较小，生长速度缓慢，饲养周期长。

贵州白山羊（公羊）

贵州白山羊（母羊）

贵州白山羊（群体）

【产地条件】

贵州白山羊核心产区在黔东北乌江中下游的沿河、思南、务川、桐梓等县，分布于铜仁、遵义市及黔东南、黔南两自治州的40多个县；中心产区铜仁市沿河县属典型的喀斯特地山地、丘陵，最高海拔1 462m，最低海拔230.9m，平均海拔789m，属亚热带季风气候，气候温暖湿润。年平均气温13.4~17.9℃，极端最高温度36.1~42.5℃，极端最低温度在-9.7~-4.5℃，相对湿度75%，无霜期251~317d（2~11月），降水量1 056~1 247mm，雨季为5~8月，年日照1 100~1 400h。土质以黄壤土类和石灰土土类为主；产区山上大部分覆盖棕类灌丛和藤刺灌丛，饲草资源丰富，适于山羊放牧利用；主要饲料作物有玉米，人工种植的牧草有黑麦草、牛鞭草等。全县以土家族为主体的少数民族人口占总人口的61.2%。

【外貌特征】

贵州白山羊体格中等，结构匀称，四肢较短，体躯呈圆筒状、侧面呈长方形，体质结实；头狭长，耳小向前平伸，多数有角，角扁平或半圆，从后上方向外微弯，呈镰刀形。公羊角粗壮，母羊角纤细，公羊颈短粗、胸宽深，母羊颈部细长、胸部较窄，背腰平直，肋骨开张较好；被毛以白色为主，少部分为黑色、褐色及体花等。据统计，群体中被毛白色者约占85%、黑色占10%、褐色及体花等占5%。部分羊面、鼻、耳部有灰褐色斑点；全身短粗毛，极少数全身和四肢着生长毛；颌下有髯，部分羊颈部有1~2个肉垂。

【体重体尺】

贵州白山羊体重体尺测定如表4-23所示。

表4-23　贵州白山羊体重体尺测定表

性别	年龄	体重（kg）	体高（cm）	体长（cm）	胸围（cm）
	6月龄	14.01 ± 2.21	44.58 ± 1.80	47.73 ± 2.52	54.89 ± 2.18
公羊	周岁	23.23 ± 4.16	50.23 ± 2.36	53.80 ± 2.84	63.74 ± 4.18
	2岁	34.15 ± 2.22	57.13 ± 3.07	66.41 ± 3.23	75.5 ± 2.64

（续表）

性别	年龄	体重（kg）	体高（cm）	体长（cm）	胸围（cm）
	6月龄	13.67 ± 2.89	43.32 ± 1.73	47.91 ± 1.57	53.02 ± 2.53
母羊	周岁	21.61 ± 3.77	54.78 ± 3.47	54.78 ± 3.47	61.90 ± 3.77
	2岁	31.90 ± 2.37	55.40 ± 3.58	66.42 ± 2.96	73.64 ± 2.60

注：6月龄、周岁数据源自郭洪杞等测定结果（2006），2岁数据源于沿河土家族自治县畜禽品种改良站杨礼等测定结果（2007）

【产肉性能】

贵州白山羊屠宰性能测定如表4-24所示。

表4-24　贵州白山羊屠宰性能测定表

性别	宰前活重（kg）	胴体重（kg）	屠宰率（%）	净肉率（%）	骨肉比
公羊	35.15 ± 7.59	18.04 ± 3.83	51.41 ± 3.47	39.49 ± 4.58	1∶（4.43 ± 1.01）
母羊	29.30 ± 3.28	13.44 ± 2.76	45.56 ± 5.79	33.95 ± 4.71	1∶（3.99 ± 0.77）

注：毛凤显、罗卫星等对贵州白山羊成年羊的屠宰测定（2006年）

【繁殖性能】

贵州白山羊母羊四季发情，两年三产或一年两产，每胎产羔率212.50% ± 40.17%，公羊5月龄性成熟、8月龄初配，母羊3~4月龄性成熟、6月龄初配，平均发情周期19d，妊娠期（149 ± 3）d。

【应用状况】

由沿河天堂牧业有限公司投资，沿河县畜禽品种改良站实施的贵州白山羊保种选育场于2007年10月底竣工通过验收，核心资源保种选育场建在新景乡瑞石村；已按照《贵州白山羊（沿河山羊）保种选育场引种方案》的要求，组织引进了种羊250只；采取核心资源保种选育场与场外群众性保种相结合的形式保护。

2012—2013年，国家现代肉羊产业技术体系贵阳试验站在贵阳市花溪区麦坪基地对贵州白山羊进行保种工作，共制作A级冷冻胚胎230枚，冷冻精液3000余支，填补了全国畜牧总站基因库中贵州白山羊的空白。贵阳试验站根据2012年末贵州省到县羊存栏统计数、品种分布区域及其所占比例推算，全省贵州白山羊存栏75万只左右。2000年左右，产区引入波尔山羊对贵州白山羊进行杂交改良，效果较好。贵州省地方标准《贵州白山羊》（DB52/414-1997）1997年5月由贵州省质量技术监督局发布。

贵州白山羊适应当地湿热的气候生态条件，耐粗饲，抗逆性强，性成熟早，繁殖力强，早期生长发育快，羊肉膻味轻，肉质鲜美，板皮质优，深受当地市场的欢迎。应在保留原有优点的前提下，选育提高其日增重、缩短出栏周期。

（毛凤显编写）

第十三节　黔北麻羊

【品种概要】

黔北麻羊（Northern Guizhou Brown Goat），是贵州优良的肉用地方山羊品种。耐粗饲，抗逆性强，繁殖力强（性成熟早，一般两年三胎或一年两胎，每胎多为双羔），善攀爬，肉质鲜嫩，膻味轻，其板皮属"四川路"，板皮平整，厚薄均匀，纤维组织致密、柔韧，质地良好，富有弹性，张幅适中，是制革的上乘原料。但品种内个体差异大，生长速度缓慢，饲养周期长。

黔北麻羊（公羊）

黔北麻羊（母羊）

黔北麻羊（群体）

【产地条件】

主产于贵州北部的仁怀、习水两（市）县，邻近的赤水市、遵义县以及金沙县、桐梓县也有分布。主产区习水县位于贵州高原向四川盆地倾斜地带，区内山峦起伏，河谷切割较深，最高海拔1 871m，最低海拔275m，平均海拔1 181.3m；属亚热带湿润性季风气候，年平均气温13.6℃，年最高温度41℃，年最低温度在-5.7℃，相对湿度85%，无霜期253d（3～10月），年平均降水量1 023 mm，雨季为3～10月；日照1 053h。土质以黄壤土类和石灰土土类为主。天然牧草资源丰富，补充饲料多以农作物的副食品及其加工产品为主。少数民族以苗族、彝族、侗族和布依族为主。

【外貌特征】

黔北麻羊体格中等，结构匀称，体躯呈圆筒状、侧面呈长方形，体质结实；头狭长，耳小向前平伸，多数有角，角扁平或半圆，从后上方向外微弯，呈镰刀形。公羊角粗壮，母羊角纤细，两角基部至鼻端有两条上宽下窄的白色条纹，公羊颈短粗、胸宽深，母羊颈部细长、胸部较窄，背腰平直，肋骨开张较好；被毛褐色，有浅褐色及深褐色两种，有黑色背线和黑色颈带，腹毛为草白色；颌下有髯，部分羊颈部有1~2个肉垂。

【体重体尺】

黔北麻羊体重体尺测定如表4-25所示。

表4-25 黔北麻羊体重体尺测定表

性别	年龄	体重（kg）	体高（cm）	体长（cm）	胸围（cm）
公羊	6月龄	15.60 ± 2.10	43.80 ± 1.98	46.85 ± 2.55	51.25 ± 2.33
	周岁	24.50 ± 4.86	51.63 ± 2.56	55.05 ± 3.65	62.50 ± 4.88
	2岁	33.19 ± 3.39	60.39 ± 3.56	61.66 ± 3.44	76.12 ± 3.82
母羊	6月龄	12.60 ± 1.78	41.50 ± 1.95	43.88 ± 2.75	49.24 ± 2.85
	周岁	22.40 ± 3.15	50.71 ± 2.45	53.65 ± 3.20	60.75 ± 3.65
	2岁	37.25 ± 5.68	58.28 ± 3.95	61.04 ± 4.14	77.60 ± 4.75

注：6月龄、周岁数据源自徐建忠等测定结果（2004），2岁数据源于习水县畜牧局穆林等测定结果（2007）

【产肉性能】

黔北麻羊屠宰性能测定如表4-26所示。

表4-26　黔北麻羊屠宰性能测定表

性别	宰前活重（kg）	胴体重（kg）	屠宰率（%）	净肉率（%）	骨肉比
公羊	33.13 ± 5.99	14.15 ± 1.80	43.43 ± 6.78	34.39 ± 5.40	1 :（4.37 ± 0.42）
母羊	31.25 ± 3.38	14.44 ± 3.52	45.77 ± 6.62	35.33 ± 3.55	1 :（3.84 ± 0.80）

2006年，毛凤显、罗卫星等在习水县1~1.5岁羊屠宰测定结果

【繁殖性能】

母羊四季发情，两年三产或一年两产，每胎产羔率200%，公羊4月龄性成熟、5~6月龄初配，母羊4月龄性成熟、6~8月龄初配，平均发情周期20d，妊娠期150d。

【应用状况】

习水县在马临镇建有黔北麻羊原种场1个，并在温水镇周围划定的保护区，禁止外来品种的引入。贵州大学动科院在习水县持续开展黔北麻羊的选育工作。黔北麻羊肉用新品种系群体已达1 700只，每年向社会提供1级以上种羊350只。

2014—2015年，贵阳试验站在贵阳市花溪区麦坪基地对黔北麻羊进行保种工作，共制作A级冷冻胚胎326枚，冷冻精液3 261支，填补了全国畜牧总站基因库中黔北麻羊的空白。贵阳试验站根据2012年末贵州省到县羊存栏统计数、该品种分布区域及其所占比例推算，全省黔北麻羊存栏10万只左右。产区与四川的古蔺县接壤，20世纪90年代开始，产区先后从四川等地引入努比亚、吐根堡、波尔山羊等品种进行杂交改良，羊群杂交羊比例高。通过2006年资源调查、测定后，2009年经过畜禽遗传委员会专家现场鉴定，黔北麻羊被列为国家畜禽遗传资源，并入选《中国畜禽遗传资源志·羊志》（2011版），贵州省地方标准《黔北麻羊》（DB52/T 312-2013）2013年6月由贵州省质量技术监督局发布。该品种适应当地湿热的气候，放牧能力强，耐粗饲，抗逆性强，个体较大，肉质好。应选育提高群体整齐度，进一步提高增重速度。

（毛凤显编写）

第十四节 伏牛白山羊

【品种概要】

伏牛白山羊（Funiu White Goat）。原名西峡大白山羊。主产区位于河南省伏牛山区，是一个皮肉兼用的地方优良品种。该羊具有耐粗饲、适应性广、抗病力强、喜攀登、适宜山区放牧、肉质鲜嫩、毛皮性能优良等特点。伏牛白山羊群需加强本品种选育，其产肉性能和皮板性能有待于进一步提高。

伏牛白山羊（公羊）

伏牛白山羊（母羊）

伏牛白山羊（群体）

【产地条件】

伏牛白山羊中心产区河南省豫西山区的内乡县，主要分布在内乡、淅川、西峡、南召、镇平等县及伏牛山北麓的部分市县等。其中存栏数量最多的内乡县古称菊潭，地处伏牛山南麓，整个地势自北向南倾斜，北纬32°49′~33°36′，东经111°34′~112°09′。海拔最高1 845m，最低145m。属于季风型大陆性气候。气候温和，降雨集中，季节变化明显。一般冬长较冷雨雪少，春暖多旱，秋凉多阴雨，夏季多有初伏旱发生。年平均温度15.6℃，最高温度39.8℃，最低温度-8.6℃。相对湿度76%，全年无霜期285d，年平均日照时间2 022h。年平均降水量为871.7mm。主要河流有湍河、默河、黄水河、刁河四条，水利资源较为丰富。该地区以黄棕土壤为主，主要粮食作物有小麦、玉米、水稻、红薯、大豆，经济作物有油菜、花生、芝麻、棉花及各种蔬菜。饲料作物主要来源草山草坡、田间路边、河边滩涂地的青干草、树叶和红薯秧、花生秧等农作物。

【外貌特征】

伏牛白山羊被毛为纯白色、肤色粉红。被毛有长毛和短毛两种类型。体质结实，结构匀称，体格中等，体躯较长。骨骼结实，肌肉发达。头部清秀，上宽下窄，呈三角形，分有角和无角两种，有顺风角、剑峰角、螺旋角三种类型，角多灰白色。鼻梁稍隆，耳朵小而直立，眼睛大而有神。颈部长度适中，母羊颈略窄，公羊颈粗壮。胸较深，肋骨开张。背腰平直，体躯各部位结合良好，中躯略长，腹部充实，尻部稍斜。四肢健壮而端正，蹄质坚实，蹄壳蜡黄或灰黄。尾短呈锥形。乳房结实，乳头短小，个别有副乳头。

【体重体尺】

伏牛白山羊体重体尺测定如表4-27所示。

表4-27　伏牛白山羊体重体尺测定表

性别	年龄	体重（kg）	体高（cm）	体长（cm）	胸围（cm）
公羊	6月龄	24.8	53.5	64.0	68.0

（续表）

性别	年龄	体重（kg）	体高（cm）	体长（cm）	胸围（cm）
公羊	周岁	28.3	59.0	62.5	77.5
	2岁	57.5	71.0	78.5	96.0
母羊	6月龄	22.0	53.0	56.0	67.5
	周岁	34.3	60.0	67.5	77.5
	2岁	42.0	61.0	69.8	84.2

注：数据来源于肉羊体系洛阳试验站团队成员自测

【产肉性能】

伏牛白山羊屠宰性能测定如表4-28所示。

表4-28 伏牛白山羊屠宰性能测定表（自测）

性别	宰前活重（kg）	胴体重（kg）	屠宰率（%）	净肉率（%）	骨肉比
公羊	55.0	22.0	40.0	31.8	1∶20
母羊	48.0	19.0	39.6	31.0	1∶21

注：数据来源于肉羊体系洛阳试验站团队成员自测

【繁殖性能】

伏牛白山羊性成熟较早，母羊初配年龄为5~6月龄。一年2胎，单羔多，双羔占40%左右。伏牛山北麓的羊只产羔率为121%，南麓羊只产羔率为174%。

【应用状况】

1978年以后，内乡县畜牧技术部门广泛开展伏牛白山羊选种选育工作，在1992年出版的《南阳畜牧志》中，伏牛白山羊被正式命名为伏牛白山羊。1996年，内乡县畜牧局建立起县种羊场，组建伏牛白山羊核心群，制定选育计划和保种计划，确定七里坪、板场、夏馆、马山、乍岖五个乡镇为伏牛白山羊保种区。2001年河南省质量技术监督局颁布了《伏牛白山羊》品种标准（DB41/265-2001）。伏牛白山羊1993年数量达到96万只，至2006年存栏数量下降到68.9万只。2007—2010年，王清义、王玉琴等开展河南省科技攻关项目课题研究《高效优质肉伏牛白山羊羊生产综合配套技术研究与示范》（项目编号：072102130004），针对伏牛白山羊品种特性，相继开展了伏牛白山羊生长发育、生产性能和分子遗传标记等方面的研究。另有相关专家和部门也开展了关于"伏牛白山羊杂交改良和规模化饲养"研究，2014年7月内乡县盛群伏牛白山羊良种繁育有限公司注册，建成了河南省伏牛白山羊原种场，组建了300只伏牛白山羊的核心群，目前伏牛白山羊种群已扩至500只。2014年9月，申报注册"豫宛伏牛白"商标，2015年9月，河南内乡伏牛白山羊获中国地理标志，公司正在开展伏牛白山羊选种选育及保种等工作研究。近些年来，随着对伏牛白山羊品种资源研究的不断深入，伏牛白山羊品种保存、杂交利用、优质群选育等方面工作在本地区不断取得进展。

（王玉琴编写）

第十五节 太行山羊

【品种概要】

太行山羊（Taihang Goat）是山西省肉皮兼用地方山羊品种，体格中等，性情活泼，行动敏捷，跳跃性强，善攀爬登高，喜食灌木枝叶；具有耐粗饲、适应性好、抗病抗逆性强、肉质鲜嫩鲜美、膻味小等独特优点，但也存在繁殖率（一般单羔居多）、生长速度慢等缺点。

太行山羊（公羊）

太行山羊（母羊）

太行山羊（群体）

【产地条件】

太行山羊产区位于太行山东、西两侧的晋、冀、豫三省接壤地区，主要分布在山西省左权、和顺、榆社、武乡、沁源、平顺、壶关和河北省的涉县、武安，河南省的林州等县。全区地形以山地、丘陵为主，各地高低相差较大，山地海拔大多为1 000~2 500m，最高2 567m，最低600m；全区年平均气温为9.9℃，最低平均气温为-25.7℃；最高平均气温为38.6℃，年降水量平均为610.15mm，年平均相对湿度为63.33%，无霜期为182d。全区以种植小麦、玉米、谷子、高粱、薯类及豆类、棉花等作物为主，牧坡主要有柠条、荆条、醋柳及灌丛草地，为太行山羊的发展提供了得天独厚的优越条件。

【外貌特征】

太行山羊体质结实，体格中等，结构匀称，肌肉丰满。头大小适中，面部清秀，额宽平，额前有一绺长毛，鼻梁稍凹，眼大微突，眼圈鼻梁多为赤褐色，耳长向左右平伸。公母羊均有角和下颌须，无角者较少；角型主要有两种，一种角直立扭转向上，一种角向后向两侧分开，呈倒"八"字形；公羊角呈螺旋形向外伸展，母羊角小向后上方呈捻曲伸出，并有拐角、并角、交叉角等几种角型，颜色为褐色。前胸宽厚，背腰平直，肋骨开张良好，臀部丰满微斜。四肢粗壮，蹄质坚硬、致密。尾部为短瘦尾，尾尖上翘，紧贴于尻端。被毛长而光亮，多呈青色、雪青色、黑色。外层毛粗硬而长，富有光泽，内层绒毛紫色而细长，有弹性。

【体重体尺】

太行山羊体重体尺测定如表4-29所示。

表4-29 太行山羊体重体尺测定

性别	年龄	体重（kg）	体高（cm）	体长（cm）	胸围（cm）
公羊	6月龄	16.65 ± 4.33	46.77 ± 7.11	50.12 ± 4.81	58.56 ± 6.17
	周岁	21.46 ± 5.13	51.05 ± 5.16	53.99 ± 7.11	66.99 ± 3.87
	2岁	37.22 ± 3.63	60.16 ± 3.98	65.46 ± 6.11	76.04 ± 4.29

（续表）

性别	年龄	体重（kg）	体高（cm）	体长（cm）	胸围（cm）
	6月龄	14.92 ± 3.82	45.28 ± 6.16	49.78 ± 6.01	57.69 ± 4.86
母羊	周岁	19.77 ± 4.39	49.23 ± 4.24	52..01 ± 6.18	64.21 ± 4.59
	2岁	32.15 ± 5.84	56.28 ± 4.21	61.44 ± 4.94	71.88 ± 4.09

注：2012年10~11月在山西省黎城县测定，公羊30只，母羊36只

【产肉性能】

太行山羊屠宰性能测定如表4-30所示。

表4-30　太行山羊屠宰性能测定表

性别	宰前活重（kg）	胴体重（kg）	屠宰率（%）	净肉率（%）	骨肉比
公羊	30.86 ± 2.68	15.47 ± 2.32	50.12 ± 3.17	41.78 ± 2.56	1 : 4.99
母羊	28.97 ± 3.25	14.45 ± 1.52	49.87 ± 1.25	41.02 ± 1.37	1 : 4.63

注：2012年11月在山西省黎城县屠宰测定，公羊8只，母羊8只

【繁殖性能】

太行山羊初产母羊产羔率85%以上，经产母羊产羔率110%。公、母羊一般在5月龄达到性成熟，种公羊初配年龄1.5岁，繁殖母羊初配年龄8~10月龄以上。公羊平均射精量0.6~1.5ml，平均1ml，精子密度平均30亿/ml，精子活率0.8以上。母羊一般在10月下旬至11月下旬发情配种，发情周期为18~21d，妊娠期150d。

【应用状况】

太行山羊于1983年列入《山西省家畜家禽品种志》，属于肉、皮、绒兼用地方山羊品种。山西境内符合品种特征的太行山羊总存栏规模约20万只，大部分以放牧为主；太行山羊经人工选育在放牧加舍饲的条件下，成年羊体重可达40kg以上，比相同年龄的放牧羊体重高15%以上。

（张建新编写）

第五章 肉用型特色良种

第一节　兰坪乌骨绵羊

【品种概要】

兰坪乌骨绵羊（Lanping Black-bone Sheep）为以产肉为主的地方品种，属藏系山地粗毛羊，以肉、骨膜等呈乌色为特征，2010年通过国家畜禽遗传资源委员会鉴定。研究证明该羊中的黑色素与乌骨鸡黑色素相同，具有较高的抗氧化能力，是十分珍稀的遗传资源，具有重要的研究与开发价值。兰坪乌骨绵羊春、夏、秋季以放牧为主，冬季多为舍饲与放牧相结合，耐粗饲，性情温顺，易于管理。

兰坪乌骨绵羊（公羊）

兰坪乌骨绵羊（母羊）

兰坪乌骨绵羊（群体）

【产地条件】

兰坪乌骨绵羊原产于兰坪白族普米族自治县（简称兰坪县），位于北纬26°06′~27°04′、东经98°58′~99°38′，北部与青藏高原毗邻，属于著名的横断山脉中段，滇西北高原，属金沙江、澜沧江、怒江"三江并流"纵谷区，西部为典型的峡谷地形，东部则以高原地形为主，境内江河、溪流遍布，有大小河流93条。海拔1 350~4 435.4m，平均海拔2 552m，年平均气温13.7℃，最高气温31.7℃，最低气温-12℃。年降水量1 002mm，每年5~10月进入雨季，平均日照2 009h。土壤有红壤、黄棕壤、棕壤、暗棕壤、针叶林暗棕壤、亚高山草甸土、紫色土、石灰岩石、水稻土等。农作物以玉米、马铃薯、燕麦、荞麦和芸豆为主。主要栽培牧草有黑麦草、鸭茅、红三叶和白三叶等，草山草坡面积大，饲料资源丰富。

【外貌特征】

兰坪乌骨绵羊被毛为异质粗毛，头及四肢毛覆盖差，毛色分为黑色、白色、黑白花3种。其中全身黑毛者占43%；体躯为白毛，颜面、腹部、鼻梁两侧及四肢少量黑毛者占49%左右，被毛黑白花者占8%。头狭长，鼻梁微隆。绝大多数无角，只有少数公、母羊有角，角型呈半螺旋状向两侧后弯。耳大向两侧平伸。颈粗长无皱褶，胸深宽，背腰平直，体躯较长，四肢长而粗壮。尾短小，呈圆锥形。

兰坪乌骨绵羊眼结膜呈褐色，腋窝皮肤呈紫色，口腔黏膜、犬齿和肛门呈乌色。解剖后可见骨膜、肌肉、气管、肝、肾、胃网膜、肠系膜和皮下层等呈乌色。随年龄增长，不同组织器官黑色素沉积随之增加且顺序和程度有所不同。

【体重体尺】

兰坪乌骨绵羊体重体尺测定如表5-1所示。

表5-1　兰坪乌骨绵羊体重体尺测定

性别	年龄	体重（kg）	体高（cm）	体长（cm）	胸围（cm）
公羊	6月龄	25.26 ± 2.68	36.14 ± 2.13	38.43 ± 2.79	42.67 ± 2.48
	周岁	32.29 ± 2.98	56.34 ± 2.67	58.18 ± 3.01	68.09 ± 2.16
	2岁	47.00 ± 2.53	66.50 ± 3.80	71.0 ± 3.53	84.80 ± 3.50
母羊	6月龄	22.33 ± 2.32	35.51 ± 2.02	36.67 ± 2.68	37.26 ± 2.31
	周岁	28.24 ± 3.01	51.58 ± 3.12	53.63 ± 3.36	59.48 ± 3.51
	2岁	38.10 ± 2.40	58.70 ± 3.01	64.40 ± 3.59	73.46 ± 3.41

注：由兰坪县畜牧兽医局技术人员于2012—2014年在兰坪群兴牧业开发有限责任公司兰坪乌骨绵羊育种场测定公、母羊各20只

【产肉性能】

兰坪乌骨绵羊屠宰性能测定如表5-2所示。

表5-2　兰坪乌骨绵羊屠宰性能测定表

性别	宰前活重（kg）	胴体重（kg）	屠宰率（%）	净肉率（%）	肉骨比
公羊	46.30 ± 1.32	22.76 ± 0.66	49.16 ± 1.62	40.90 ± 1.06	4.95
母羊	36.26 ± 2.82	15.75 ± 1.78	43.44 ± 1.78	36.00 ± 1.75	4.87

注：2007年8月，兰坪县畜牧兽医局选择成年公、母羊各15只进行屠宰测定。引自《中国畜禽遗传资源志·羊志》

【繁殖性能】

公羊性成熟为8月龄、母羊为7月龄，公羊初配年龄为18月龄，母羊初配年龄为12月龄。发情多集中在秋季，发情周期18d，发情期持续期约30h，妊娠期平均152d，利用年限5～6年。多数母羊年产1胎，其中单羔占91.5%、双羔占8.5%；部分母羊两年产三胎，平均产羔率103.48%。

【应用状况】

兰坪乌骨绵羊是近期发现的优良遗传资源，群体数量较少。自2001年开始，毛华明等对兰坪乌骨羊的分布、遗传性，色素沉积规律等进行了研究，证明该羊中的黑色素与乌骨鸡黑色素相同，具有较高的抗氧化能力，是十分珍稀的遗传资源，具有重要的研究与开发价值。2002年开始，兰坪县政府十分重视该资源的保护，出台了《关于对我县特有羊种实行保种发展实施意见的通知》（兰政办发〔2002〕21号）文件，将兰坪县通甸镇的弩弓、龙潭、水俸、金竹和福登5个村范围划定为兰坪乌骨绵羊的保护区，禁止外血引入，禁止对外售卖。兰坪群兴牧业开发有限责任公司对兰坪乌骨绵羊进行了系统的研究和保护，2008年建立了乌骨绵羊原种保护场，现有核心群数量共653只，其中公羊48只，基础母羊462只。并成立了兰坪群兴乌骨绵羊养殖专业合作社，发展乌骨绵羊养殖农户57户为合作社成员，乌骨绵羊存栏达1 990只。初步形成了乌骨绵羊保护与开发利用体系。2009年，兰坪乌骨绵羊被列入《云南省省级畜禽资源保护名录》，2010年通过了农业部审定，并列入《国家畜禽遗传资源名录》（农业部公告第1325号）。2011年，全国畜牧总站和云南省畜牧兽医科学院完成了兰坪乌骨绵羊种质资源的冷冻保存工作。2014年9月，云南省质量技术监督局发布了《兰坪乌骨绵羊养殖技术规范》（DG 5333/T 12.1—12.6-2014）。2014年末，兰坪全县绵羊存栏50 666只，估计兰坪乌骨绵羊存栏数为6 000余只。

（邵庆勇编写）

第二节　湖北乌羊

【品种概要】

湖北乌羊（Hubei Black Sheep）是我国特有的地方珍稀品种资源，具有"乌骨乌肉"的特征，又称乌骨山羊，药羊或乌骨黑羊。因皮肤、肉色、骨膜颜色为乌黑色而闻名，肌肉组织中黑色素含量高。湖北乌羊抗病能力强，适应能力强，耐粗放饲喂。群体内遗传遗传多样性较高，具有选择空间。乌质性状的遗传稳定性较好。目前湖北乌羊在原产地的群体小，而且快速向全国扩散，本地品种资源的保护任务很重。

湖北乌羊（公羊）　　　　　　　湖北乌羊（母羊）

湖北乌羊（群体）

【产地条件】

湖北乌羊主要分布在湖北省东南部的幕阜山区，地处东经114° 14′~114° 58′，北纬29° 51′。该地草山草坡、山间林地的自然资源条件比较优越，属亚热带大陆性季风气候，气候温和，降水充沛，日照充足，四季分明，无霜期长。冬季盛行偏北风，偏冷干燥；夏季盛行偏南风，高温多雨。该地近50年夏季平均气温27.2 ℃，最高气温32.8℃，冬季平均气温5.4℃，最低气温1.6℃，年降水量1 537.4 mm，年均日照时间1754.5h，年均无霜期245~258d。森林覆盖率70%。羊群生活区域地带性植被为中亚热带常绿阔叶林，树种资源种类繁多，其代表群落有苦槠林、樟树林、甜槠林。林中散生树种有长叶石栎、冬青、青栲、油茶、石楠、乌楣栲、丝栗栲、女贞、厚皮香、绵槠等。

【外貌特征】

湖北乌羊全身被毛黑色，部分为灰色或者白色，皮肤为乌色，嘴唇、舌、鼻、眼圈、耳廓、肛门、阴门等皮肤呈乌色，牙眼、蹄部、骨骼关节、尾尖、公羊阴茎、母羊乳头等为乌色。体型中等，面部清秀，公、母羊都有须髯，部分有肉垂，两耳中等向两侧半前倾，部分公母羊有角，公羊角大，母羊角小，角为镰刀型，向上向后、向外伸展，为乌色，又称该羊为"乌角羊"。颈部较细长，结构匀称，背腰平直，后躯略高略斜，四肢短小。在白羊身上有一条黑色异毛带，从两角基部中点沿颈脊、背线延伸至尾跟。公羊前胸发达，体躯呈长方形，肋骨开张良好；母羊腹部圆大，乳房发育良好，基部较大，乳头整齐明显，呈圆锥形。

【体重体尺】

湖北乌羊体重体尺测定如表5-3所示。

表5-3 湖北乌羊体重体尺测定表

性别	年龄	体重（kg）	体高（cm）	体长（cm）	胸围（cm）
	6月龄	14.01 ± 2.14	41.88 ± 2.87	44.85 ± 2.43	53.14 ± 3.42
公羊	周岁	24.25 ± 5.16	51.89 ± 4.50	56.41 ± 3.17	66.01 ± 2.73
	3岁	37.88 ± 5.15	56.71 ± 4.20	54.48 ± 2.91	65.21 ± 2.82

（续表）

性别	年龄	体重（kg）	体高（cm）	体长（cm）	胸围（cm）
	6月龄	13.78 ± 3.48	40.22 ± 2.87	43.47 ± 2.95	51.85 ± 2.04
母羊	周岁	23.82 ± 4.02	50.53 ± 3.48	54.48 ± 2.91	65.21 ± 2.82
	3岁	30.15 ± 4.87	55.28 ± 3.39	58.12 ± 3.77	70.07 ± 3.64

注：6月龄公羊6只，母羊5只；周岁公羊21只，母羊7只；3岁公羊38只，母羊4只。华中农业大学实测

【产肉性能】

湖北乌羊屠宰性能测定如表5-4所示。

表5-4　湖北乌羊屠宰性能测定表

性别	宰前活重（kg）	胴体重（kg）	屠宰率（%）	净肉率（%）	骨肉比
公羊	30.45 ± 3.2	14.14 ± 2.12	46.45 ± 3.12	38.45 ± 3.52	1 :（4.80 ± 0.24）
母羊	25.22 ± 2.7	11.17 ± 1.98	44.32 ± 2.67	36.27 ± 3.78	1 :（4.52 ± 0.17）

注：公羊20只，母羊20只，华中农业大学实测

【繁殖性能】

湖北乌羊性成熟比较早，初情期始于（108 ± 15）日龄，4~6月龄性成熟，发情持续期（51.0 ± 8.5）h，发情周期（19.5 ± 2.0）d，妊娠期（147.0 ± 2.5）d。公羊适配年龄一般为7月龄，母羊一般为8月龄开始配种，利用年限3~5年。母羊一年四季都可以发情，配种时间不受限制，但以春季3~4月，秋季9~10月发情配种较多。通常一年可以产两胎，初产母羊多为单羔，单羔率85.24%，双羔率23.07%，经产母羊大多为双羔，有的可产4只，但比较罕见。一般产出的单羔个体大，成活率高，双羔次之，羔羊成活率80%左右。

【应用状况】

近年来，湖北乌羊种群的数量和质量得到了发展和提高。目前，通山已建成湖北乌羊核心群基地2个和扩繁基地6个，新发展规模养羊户100户，建标准化羊舍8 000m²，湖北乌羊核心群存栏量已达3 000余只。

2008年以来开展以湖北乌羊为父本与本地山羊的二元杂交、波本二元杂交羊为母本的三元杂交。结果表明，湖北乌羊的乌质性状在杂交后代中没有保存下

来，杂种羊在周岁时仍没有表现乌骨乌肉的特征。目前还只能用纯种来生产乌骨羊肉这类特色产品。

在2013年全国第三次农产品地理标志登记专家评审会上，通山县申报的"通山乌骨山羊"农产品地理标志经审查符合登记保护条件，入选农产品地理标志产品。2014年5月获农业部颁发农产品地理标志登记证书。

（姜勋平编写）

第三节 济宁青山羊

【品种概要】

济宁青山羊（Jining Gray Goat）是我国优良的裘皮用羊品种之一，主要产于山东省西南地区的济宁市和菏泽市等，以"青猾皮"闻名于世，具有早熟多胎、全年发情、裘皮轻薄美观、肉质鲜美等特点。性情温顺，灵巧好动，适应性强，耐粗饲，抗逆性良好。青山羊生长速度慢，生长周期长，饲料转化率低，屠宰性能差。

济宁青山羊（公羊）　　　　　　　　济宁青山羊（母羊）

济宁青山羊（群体）

【产地条件】

济宁市、菏泽市位于山东省西南部，北纬30°39′~35°57′、东经115°16′~117°36′，海拔39~65m。总面积多于2.3万km²，人口1 807万人。地形为黄河冲积平原及湖洼地，属暖温带季风气候，四季分明，光照充足，年平均气温13.3~14.1℃，降水量600~820mm，多集中在6~8月。无霜期为199~208d。土壤为黏土、沙土和碱土，土壤肥沃，土层深厚，光热资源丰富，适合多种农作物生长。主要农作物品种有小麦、玉米、水稻、谷子、甘薯、棉花、花生、大豆、大蒜、瓜菜等，是国家重要商品粮生产基地。济宁青山羊主要分布在菏泽和济宁两市的20多个县，在河南、江苏、安徽也有少量分布。济宁市中心产区主要有嘉祥县、金乡县、任城区、鱼台县和汶上县等县（区），菏泽市以巨野县、郓城县、曹县、单县、定陶、成武等县（区）数量较多、质量较好。因集散地在济宁，故名济宁青山羊。

【外貌特征】

济宁青山羊结构紧凑匀称，体质结实，体格较小。具有"四青一黑"的典型特征，即被毛、角、蹄、唇均为青色，前膝为黑色。被毛由黑、白毛纤维相间而成，分为正青色、粉青色、铁青色三种基本颜色，以正青色为佳，毛色随年龄增长由浅变深。按照被毛长短可分为长毛型和短毛型，以长毛型居多。

公、母羊均有角，公羊角粗短，成三棱形，向后上方伸展；母羊角细长，向上略向外生长。公羊头大颈粗，头部有卷毛，母羊头清秀，颈长。公母羊颚下均有髯，额宽、鼻直，额部多有淡青色白章。公羊前胸发达，耆甲高，四肢粗壮，蹄质结实；母羊后躯宽深，腹部较大。公、母羊均尾小上翘。公羊睾丸对称，大小适中，发育良好；母羊乳房质地柔软，乳头分布均匀。

【体重体尺】

济宁青山羊体重如表5-5所示。济宁青山羊周岁和成年羊体尺如表5-6所示。

表5-5 济宁青山羊体重

性别	初生（kg）	6月龄（kg）	12月龄（kg）	成年（kg）
公羊	1.3	15	20	24
母羊	1.2	12	15	20

表5-6 济宁青山羊周岁和成年羊体尺

性别	年龄	体高（cm）	体长（cm）	胸围（cm）
公羊	周岁	49.5	53.1	58.4
	成年	56.3	60.5	66.8
母羊	周岁	46.3	49.4	54.9
	成年	50.9	54.7	61.7

【产肉性能】

放牧饲养条件下，周岁公、母羊的平均屠宰率为45%，平均净肉率为33%。舍饲条件下，周岁青山羊产肉性能（表5-7）。

表5-7 济宁青山羊周岁屠宰性能

性别	只数	屠宰体重（kg）	胴体重（kg）	屠宰率（%）	净肉重（kg）	净肉率（%）
公羊	15	22.32 ± 4.56	12.41 ± 3.24	55.02 ± 3.74	6.7 ± 1.1	30.2 ± 2.1
母羊	15	20.00 ± 3.99	10.58 ± 2.34	52.66 ± 1.64	6.1 ± 1.9	30.5 ± 1.7

【繁殖性能】

济宁青山羊性成熟早，母羊初情期在3~4月龄，初配年龄为5~6月龄，可常年发情配种，但以春秋季节较为集中。母羊发情周期为15~17d，发情持续期1~2d，妊娠期平均146d，产后发情期平均25d。公羊在4月龄可排出成熟的精子，5月龄可初配。母羊一年两胎或二年三胎，初产母羊产羔率200%以上，经产母羊产羔率280%以上，繁殖年限为5~6年或产羔10胎以上。

【应用状况】

由于济宁青山羊屠宰性能差，近年来青猾子皮销路不畅，产业由以毛皮为主逐渐转向以肉为主，导致与引入品种（黄淮山羊、波尔山羊）杂交现象严重，品种数量急剧减少，品种纯度受到严重影响，以至面临濒危状态。2007年蔡泉等对济宁市青山羊调查时，全市饲养青山羊4 900只，母羊3 400只，其中能繁母羊1 100只，公羊1 500只，用于配种的成年公羊70余只。近年市面上能够完全显示济宁青山羊品种特征的不足50%。

济宁青山羊是我国独特的羔皮（猾子皮）用地方品种，是我国及世界上优异的种质资源，为防止这一优良品种和优良基因的流失，国家现已建立了青山羊保种区和保种场，并将济宁青山羊列为国家级畜禽遗传资源保护品种，2009年济宁青山羊被列入《山东省畜禽遗传资源保护名录》，为实施济宁青山羊的本品种选育和保护工作奠定了基础。

随着羊肉市场需求量的日益增加，济宁青山羊以其脂少味美的优点深受消费者青睐，青山羊品牌得到大多数消费者的认可。从2009年开始，青山羊价格节节攀升，与其他品种山羊相比已经显现出价格优势。济宁青山羊饲养量逐年回升，目前济宁市和菏泽市存栏13万~15万只，仅菏泽地区100头规模以上的饲养场就有52家，而且价格远远高于其他羊品种。济宁青山羊饲养业正由千家万户的散养逐渐向规模化、专业化方向发展，经营管理逐渐向科学化、良种化方向发展，必将成为发展当地农村经济的主导产业和增加农民收入的重要来源。

（王金文编写）

第四节　藏羊

【品种概要】

藏羊（Tibetan Sheep），又称藏羊系，是我国三大粗毛绵羊品种资源之一。藏羊分为高原型藏羊、欧拉型藏羊和山谷型藏羊三类，其中高原型藏羊是藏羊的主体，占总数的70%。藏羊是在高寒、缺氧的生态环境中经长期自然选育形成的特有羊种，对恶劣气候环境和粗放的饲养管理条件有良好的适应能力。具有耐高寒、耐干旱、抗病力强、遗传稳定、产肉及产毛性能好，但存在生长速度慢、产毛量低等缺点。

藏羊（公羊）

藏羊（母羊）

藏羊（群体）

【产地条件】

藏羊主要产地在青藏高原的青海和西藏自治区（以下简称西藏），四川、甘肃、云南和贵州等省亦有分布。其中以青藏高原分布最广，在家畜中所占的比重较大。西藏境内主要分布于冈底斯山、念青唐古拉山以北的藏北高原和雅鲁藏布江地带；青海境内主要分布在海北、海南、海西、黄南、玉树、果洛6个州广阔的高寒牧区，数量占藏羊总数的85%以上，生产的羊毛是织造地毯、提花毛毯的上等原料，以"西宁大白毛"而著称。甘肃境内80%的藏羊分布在甘南藏族自治州的各县；四川境内分布在甘孜、阿坝州北部的牧区。藏羊生活在海拔3 000～4 500m的高寒牧区，属大陆性气候，日照充足，昼夜温差大，多数地区年均气温−1.9~6.0℃，年降水量300~800mm，相对湿度40%~70%。

【外貌特征】

藏羊是混型毛被的粗毛羊种，其外貌主要特征是：体格较大，头呈三角形，成年公羊头宽14cm，母羊为13cm左右。头宽是头长的65%左右、鼻梁隆起，公母羊均有角，无角者少。公羊角长而粗大，公羊角粗大，呈螺旋状向左右伸展，母羊角细而短，多数呈螺旋状向外上方斜伸，颈细长。肋形开张，胸宽为胸深的59%左右，背腰平直，短而略斜，整体长方形。尾长平均为16cm，宽约5cm，四肢稍长而细，前肢肢势端正，后肢多呈刀状肢势。体躯被毛以白色为主，头肢杂色者居多，被毛大多呈毛辫结构，可分大、小毛辫，以小毛辫为主，毛辫随年龄的增加而变短。

【体重体尺】

不同地区的高原型藏羊的体尺、体重差异不大（表5-8）。

表5-8　藏羊体重体尺测定表

年龄	性别	体重（kg）	体高（cm）	体长（cm）	胸围（cm）
3月龄	公羊	20.56 ± 3.67	51.88 ± 3.22	47.75 ± 2.47	63.90 ± 4.43
	母羊	18.89 ± 2.87	45.24 ± 1.76	48.82 ± 3.30	68.89 ± 4.05

（续表）

年龄	性别	体重（kg）	体高（cm）	体长（cm）	胸围（cm）
1周岁	公羊	41.37 ± 4.26	63.08 ± 3.03	60.68 ± 3.36	81.73 ± 1.98
	母羊	38.06 ± 3.46	55.24 ± 3.45	56.43 ± 2.58	79.22 ± 3.50
3周岁	公羊	58.21 ± 2.26	66.80 ± 5.05	77.09 ± 4.51	99.77 ± 3.55
	母羊	52.91 ± 3.50	66.19 ± 2.51	60.44 ± 4.06	84.77 ± 3.16

注：2014年·7月上旬从青海省杂多县高原型藏羊繁育中心，随机选取3月龄、1周岁、3周岁公、母羊各30只，共计180只，进行体尺体重的测定

【产肉性能】

藏羊屠宰性能测定如表5-9所示。

表5-9　藏羊屠宰性能测定表

年龄	测定数（只）	宰前体重（kg）	胴体重（kg）	屠宰率（%）	胴体净肉率（%）
成年公羊	31	48.5 ± 4.15	22.3 ± 2.91	46.0	74.5
成年母羊	30	42.8 ± 4.86	19.4 ± 2.52	45.5	73.0

注：2010年4月下旬至6月上旬测定于青海省天峻县高原型藏羊主产区

【产毛性能】

藏羊不同年龄、性别的产量如表5-10所示。

表5-10　测定不同年龄、性别藏羊的产毛量

年龄	性别	测定数（只）	剪毛量（kg）
周岁	公羊	29	0.89 ± 0.24
	母羊	26	1.03 ± 0.17
两岁	公羊	30	1.11 ± 0.26
	母羊	27	1.06 ± 0.25
成年	公羊	31	1.39 ± 0.24
	母羊	32	1.21 ± 0.26

注：每年6~7月剪毛一次，测定于青海省天峻县藏羊主产区

【繁殖性能】

高原型藏羊母羊一般在7~8月龄时出现初情期性行为表现，一岁左右性成

熟，1.5~2岁开始配种。公羊利用到6岁，母羊利用到8岁，产羔6~7只。种羊的公母比例为1：5~30，或100只母羊配备3~4只公羊。高原型母羊发情的季节性强，集中在6~9月，故多在7~9月配种，12月至次年一月产羔。母羊在秋季营养丰富时配种，受胎率高，胎儿发育良好，初生重大，断奶后，正值牧草生长期，成活率高。如果10~11月配种所产的春羔，因胎儿期发育不良，死亡率大。母羊发情持续期30~48h，据147只母羊的统计，平均发情周期为（17±1.54）d。高原型母羊，妊娠期为（151.8±3.35）d。一年一胎，双羔极少，个别母羊二年三胎。

【应用状况】

藏羊占青海省绵羊总数的80%以上，青海省年产藏羊毛1×10^4t左右，主要用于生产地毯及长毛绒产品。早在19世纪后期，西宁大白毛就被国际地毯行业公认为是编织地毯的最佳原料。自2003年青海省政府把藏毯列入全省主要产业之一以来，具有2 000多年悠久历史的藏毯，已从牧区作坊、农家小院走向世界的舞台，步入了产业化发展的道路。

近年来，为开拓我国藏羊资源利用，国内外学者针对藏羊的繁育及生产工作开展了大量的科学研究，包括提高产毛性能及品质、产肉性能及品质，完善藏羊本品种繁育技术的研究。2004—2010年在生格乡四社开始藏羊本品种选育以来，已取得了初步成效。一、二级羊的比例由20.01%提高到41.58%，增加了21.57%，群体有了显著变化。一、二级成年公、母羊的平均年产毛量也有了不同程度的增产。一级公羊由平均1.67kg提高到1.80kg，平均增加0.13kg；母羊由平均1.17kg提高到1.53kg，平均增加0.36kg；三月龄羔羊平均体重由12.41kg提高到13.31kg，平均增加0.90kg。总之，藏系绵羊的开发利用要根据不同类型藏系绵羊的生态特点扬长避短，对高原型藏系绵羊要以提高其产肉量和产毛量为主，加大种公羊的选育，使主产区逐渐发展成为青海省稳定的优质地毯毛和藏系绵羊肉的主要生产基地。

（余忠祥编写）

第五节　哈萨克羊

【品种概要】

哈萨克羊（Kazakh sheep）是新疆较为古老的脂臀型粗毛羊品种、原始羊系之一。四季轮换放牧在季节草场上，具有扒雪采食的能力，适应性极强，体格结实，四肢粗壮善走爬山，在夏、秋季有迅速积聚脂肪的能力。但也存在着体格相对较小、繁殖率低、脂尾偏大等缺点。

哈萨克羊（公羊）

哈萨克羊（母羊）

哈萨克羊（群体）

【产地条件】

哈萨克羊主产在伊犁河谷，年平均气温10.4℃，极端最高气温42.8℃，最低极端气温-51℃；年平均降水量417.6~600mm，年蒸发量1 500~2 300mm，气候湿润、风速不大。全年平均日照时数达2 898.4h，无霜期102~185d。主产区以哈萨克民族为主，牧区以放牧为主；农区主要种植小麦、玉米、棉花、油葵、大豆等作物。

哈萨克羊北疆各地均有分布。各地生态环境和气候条件及植被差异很大，土壤和植被具有完整而明显的垂直分布规律，类型也极为复杂。夏牧场为海拔2 000m以上的高山、亚高山高寒草甸草场和山地草甸草场；冬牧场多位于1 500~3 000m的山区逆温带，积雪期长达5个月，最大积雪深度为30cm，羊只扒雪觅食、采雪为水；春、秋草场多位于海拔较低的山地冲积扇或平原草场，两季草场共用，作为羊群鉴定配种的过渡地带。

【外貌特征】

哈萨克羊属肉脂兼用型粗毛羊。体格中等，体型接近正方形。公羊大多具有粗大的螺旋形角，母羊半数有小角。头大小适中，鼻梁明显隆起，耳大下垂。背腰平直，四肢高粗结实，肢势端正。尾宽大，外附短毛，内面光滑无毛，呈方圆形，多半在正中下缘处由一浅纵沟分为对称两瓣，少数尾无中浅沟、呈完整的半圆球。被毛异质，头、角生有短刺毛，腹毛稀短。毛色以全身棕红色为主，头肢杂色个体也占有相当数量，纯白或全黑的个体为数不多。

【体重体尺】

哈萨克羊体重体尺测定如表5-11所示。

表5-11　哈萨克羊体重体尺测定表

性别	年龄	体重（kg）	体高（cm）	体长（cm）	胸围（cm）
	4.5月龄	37.00	63.00	70.20	74.20
公羊	周岁	42.95	63.60	62.38	78.47
	2岁	86.20	71.80	77.40	95.80

（续表）

性别	年龄	体重（kg）	体高（cm）	体长（cm）	胸围（cm）
	4.5月龄	33.50	61.20	75.00	75.40
母羊	周岁	34.55	62.01	63.50	75.64
	2岁	45.80	68.46	70.13	87.91

【产肉性能】

哈萨克羊屠宰性能测定如表5-12所示。

表5-12 哈萨克羊屠宰性能测定表

性别	宰前活重（kg）	胴体重（kg）	屠宰率（%）	净肉率（%）	骨肉比
4.5月龄公羊	29.70	15.87	54.29	40.76	1：3.39
4.5月龄母羊	28.23	14.68	54.10	41.78	1：3.51

【繁殖性能】

哈萨克羊性成熟年龄公羔为5月龄，母羔8月龄；初配年龄公羔18月龄、母羔19月龄，配种多在11月上旬开始，发情周期平均为16d；发情季节公羊排精量为1.0~2.5ml/次，精液密度大，精子活力95%以上，母羊怀孕期150d左右，种羊利用年限一般为7年；繁殖方式以自然交配为主，配种季节羊群中公母羊比例为1：50；初产母羊平均产羔率101.57%，经产母羊繁殖率平均为101.95%；羔羊成活率98%。

【应用状况】

哈萨克羊是我国三大粗毛羊品种之一，在秦汉时期即见迹于文史。现代哈萨克羊品种的形成与千百年来的选育及当地的生态环境条件有关。解放初期，特克斯县土种哈萨克羊数量较多，但随着20世纪50~60年代绵羊品种改良的推广，哈萨克羊的存栏数和品质均受到了极大的影响。改革开放后迅速发展，1985年被收入《新疆家畜家禽品种志》，现已被收入新疆地方良种肉羊品种保护名录，祖居地特昭盆地之特克斯县为此特别建立了"哈萨克羊培育基地"，开展了本品种选育与多胎品系的选育工作，取得了可喜的进展。

2010年全疆哈萨克羊存栏数达到550万只，主产地达到300多万只，在农区开展了以萨福克、小尾寒羊与哈萨克羊的杂交改良工作，收到了良好的效果，产业链已基本形成。但仍需加强本品种选育，注重对体重、繁殖率、小脂臀瘦肉率高的个体羊的培养。在非品种保护区大力开展杂交改良，提高商品率，发展肥羔产业化生产。

（侯广田编写）

第六章　肉用型杂交羊

第一节　杜泊羊—小尾寒羊杂交组合

【组合概要】

以引进南非肉羊品种黑头杜泊羊为父本，小尾寒羊为母本，进行肉羊杂交育肥生产或新品种（系）培育的组合方式（简称"杜寒杂交组合"）。杂交后代体形外貌趋向于父本；体型大，结构匀称，背腰平直，后躯丰满；四肢较高且粗壮，全身呈桶状结构。同时具有耐粗饲、抗病、适合农区舍饲圈养等特点。

杜寒杂交羊（公羊）

杜寒杂交羊（母羊）

杜寒杂交羊（群体）

【产地条件】

杜寒杂交羊广泛应用于我国小尾寒羊产区（保种区除外）以及小尾寒羊引种饲养区域肉羊生产，以山东省聊城市数量最多，主要产于聊城市东昌府区、阳谷、茌平、冠县、临清市等鲁西县市区。

聊城市位于山东省西部，与冀、豫两省交界，总面积8 590km²，其中耕地面积830万亩。全市总人口558万人，其中农业人口452万人。聊城市自然条件优越，属暖温带季风气候，四季分明，光照充足，雨量适中，土质良好。年平均气温13℃以上，无霜期190~200d，年平均降水量600~650mm，沙壤土占78%，利于各种农作物生长，是国家和山东省重要的粮油、蔬菜、畜禽、林果生产基地。主要农作物品种有小麦、玉米、棉花、花生等，年产各类农作物秸秆500多万吨，饲草饲料资源丰富。

【外貌特征】

头颈部黑色，体躯被毛白色，体格较高大，结构匀称。胸宽深，背腰平直，肌肉丰满，后躯发育较好，全身呈桶状结构，四肢较高且较粗壮。公羊头大颈短，无角或偶有小角。母羊头较小、颈长适中，无角。公、母羊耳中等大小，嘴头齐，鼻骨隆起平滑，稍有横向皱褶。公羊睾丸对称，大小适中，发育良好，附睾明显。母羊乳房发育良好，富有弹性，乳头分布均匀，大小适中，泌乳力好。

【体重体尺】

杜寒杂交羊体重测定、体尺测定分别如表6-1、表6-2所示。

表6-1 杜寒杂交羊体重测定

性别	初生		3月龄		6月龄		周岁		成年	
	只数（只）	体重（kg）	只数（只）	体重（kg）	只数（只）	体重（kg）	只数（只）	体重（kg）	只数（只）	体重（kg）
公羊	662	4.12 ± 1.00	422	30.12 ± 5.51	72	47.51 ± 4.68	18	84.53 ± 7.56	15	101.98 ± 13.36
母羊	623	3.70 ± 0.98	432	27.18 ± 5.02	54	44.32 ± 5.32	85	62.36 ± 8.38	58	79.55 ± 9.22

注：山东省农业科学院试验羊场2015年7月23日测定

表6-2 杜寒杂交羊体尺测定

年龄	性别	只数（只）	体高（cm）	体长（cm）	胸围（cm）	管围（cm）
初生	♂	662	34.82 ± 3.03	30.14 ± 3.16	35.45 ± 3.54	5.64 ± 0.65
	♀	623	33.57 ± 3.07	29.49 ± 3.23	34.65 ± 3.66	5.45 ± 0.63
3月龄	♂	422	54.83 ± 3.81	62.72 ± 6.41	69.33 ± 5.89	8.26 ± 0.96
	♀	432	52.53 ± 3.87	60.42 ± 5.18	67.75 ± 5.67	7.88 ± 0.90
6月龄	♂	72	63.30 ± 4.86	75.58 ± 4.60	86.96 ± 5.40	9.71 ± 0.62
	♀	54	60.84 ± 8.23	74.11 ± 4.87	85.71 ± 6.06	8.70 ± 0.38
1岁	♂	18	75.76 ± 2.84	92.41 ± 3.14	106.68 ± 5.57	10.82 ± 0.83
	♀	85	67.48 ± 3.81	81.33 ± 4.74	92.09 ± 6.07	8.92 ± 0.53
成年	♂	15	78.96 ± 3.23	96.27 ± 5.29	113.12 ± 6.16	11.50 ± 0.94
	♀	58	68.80 ± 4.16	87.81 ± 5.08	103.52 ± 6.36	9.66 ± 0.72

注：山东省农业科学院试验羊场2015年7月23日测定

【产肉性能】

杜寒杂交公羔6月龄产肉性能测定如表6-3所示。

表6-3　杜寒杂交公羔6月龄产肉性能测定表

只数（只）	宰前活重（kg）	胴体重（kg）	净肉重（kg）	屠宰率（%）	净肉率（%）	骨肉比
10	48.40±1.31	27.41±1.21	22.08±0.94	56.63±1.83	45.62±0.89	1：（4.74±0.28）

注：山东省农业科学院试验羊场2015年7月23日测定

【繁殖性能】

杜寒杂交公、母羊初情期6月龄左右。公羊12月龄可配种使用，15~16月龄配种较为适宜，每次射精量为1.0~2.0ml，精子密度2.5×10^{10}个/ml以上，精子活力0.8以上。

母羊初情期体重为40~50kg，适宜的配种年龄为8~10月龄，体重为50~60kg。母羊常年发情，春秋季较为集中，发情周期为17~18d，发情持续时间为30~36h；初产母羊的情期受胎率为94.7%，经产母羊受胎率为96%。母羊的妊娠期平均148.5d左右；初产母羊产羔率150%左右，经产母羊产羔率200%以上。

【应用状况】

山东省农业科学院畜牧兽医研究所自2002年开始引入南非黑头杜泊种羊，在聊城市东昌府区、茌平县、阳谷县等地，以小尾寒羊为母本开展杂交改良，对杜寒F$_1$、杜寒F$_2$、杜寒F$_3$等杂交组合育肥性能、生长发育、繁殖性能、体型外貌以及适应性等方面进行试验分析，研究确定了不同杜寒组合杂种优势，为农区开展优质肥羔生产和培育肉羊新品种奠定了基础。

为开展广泛的杂交改良工作，与聊城市东昌府区畜牧局联合成立小尾寒羊杂交改良领导小组，研究制定了杂交改良技术方案和饲养管理技术规程，建立了人工授精站（点），通过技术培训、举办赛羊会等，提高养殖户生产技术水平。并与聊城兴堂牧业有限公司、临清润林牧业有限公司和阳谷荣春畜禽养殖专业合作社等标准化养殖场合作，进行优质肉羊扩繁生产及开发，到2007年聊城市中心产区生产推广杜寒杂交羊2.5万只。

通过十余年的杂交改良、横交固定、选种选配、FecB基因分子标记辅助选择和扩繁，到2010年已从杜寒杂交类群中成功选育出鲁西黑头肉羊多胎品系。目前鲁西黑头羊核心群存栏母羊达到2 600多只，繁殖群母羊存栏数量5.5万只以上，杂交类群达到15万只以上，初步形成了以聊城东昌府区为中心的繁育基地，辐射带动了阳谷、冠县、茌平和临清等县市优质肉羊生产的发展，逐步成为鲁西地区农村脱贫致富，农民增收的新兴特色养殖产业。

鲁西黑头肉羊培育成功，将全面提升山东省肉羊育种自主创新能力，为农区肉羊产业发展提供优质种羊，推动肉羊生产向高产、优质和高效方向发展。

（王金文编写）

第二节 杜泊羊—湖羊杂交组合

【组合概要】

杜湖杂交组合系选择具有生长发育快、耐粗饲、适应性强等特点的肉皮兼用绵羊品种——杜泊羊（Dorper Sheep）作为父本，选择具有性成熟早、全年发情、多胎等特点的高繁殖力多羔绵羊品种——湖羊（Hu Sheep）作为母本，利用杂交优势生产生长快且多羔的F₁代商品肉羊（简称"杜湖杂交组合"）。此外，一些育种单位也可利用该杂交组合进行多胎肉用羊新品种的选育。

杜湖杂交羊（公羊）

杜湖杂交羊（母羊）

杜湖杂交羊（群体）

【产地条件】

由于该杂交组合以湖羊作为母本，故杂交羊的产地条件与湖羊相似，主要分布于江苏、浙江及上海相毗邻的太湖流域，地处北亚热带南缘湿润季风气候区，以杭州、嘉兴、湖州等地区较为集中。由于"退耕还草"工程和规模化舍饲养羊发展的需要，湖羊被大批量的引入到新疆、甘肃、宁夏、内蒙古等西部地区。中心产区苏州市位于长江三角洲中部，地貌特征以平缓平原为主，海拔高度3~4m。温暖潮湿多雨，四季分明，冬夏季长、春秋季较短。年平均气温15.7℃，1月平均气温3.1℃，7月平均气温28.2℃左右。无霜期233d，平均初霜期在11月15~20日，平均终霜期：西部为3月20~25日，东部为3月25~31日。年平均降水量1 063mm，主要集中在4~9月，年平均风速为2.5m/s，年平均日照为2 000~2 200h。中心产区土地肥沃，物产丰富。

【外貌特征】

杜湖F_1代公、母羊均无角，体型呈桶状，背宽、胸深、颈部粗短。头部较长，嘴尖，呈三角形，耳部平直、较长，臀部肥圆，尾部细长、小、轻薄；蹄子颜色偏暗黑色，腿较高，关节坚实。被毛以米白色为主，大部分羔羊头颈部颜色分为两种，全黑色与全白色，其余羔羊头颈部、背部、腿部都含有黑斑点。

【体重体尺】

杜湖F_1代与湖羊体重体尺测定如表6-4所示。

表6–4　杜湖F_1代与湖羊体重体尺测定

类别	年龄	体重（kg）	体高（cm）	体长（cm）	胸围（cm）
杜泊羊×湖羊	初生	3.2	34.9	33.8	31.1
	6月龄	43.7	59.4	63.9	71.2
	周岁	79.1	78.3	93.1	87.9
湖羊	初生	3.0	25.8	27.0	23.9
	6月龄	30.2	48.6	59.5	59.5
	周岁	40.9	65.5	76.2	72.2

注：数据引自黄华榕，刘桂琼，姜勋平，等. 2014. 杜泊羊与湖羊的杂交效果[J]. 中国草食动物科学（S1）：160-162.

【产肉性能】

杜湖杂交羊屠宰性能测定如表6-5所示、背最长肌肉品质测定如表6-6所示，背最长肌肉营养成分测定结果如表6-7所示。

表6-5　杜湖杂交羊屠宰性能测定

性别	宰前活重（kg）	胴体重（kg）	屠宰率（%）	净肉率（%）	骨肉比
公羊	34.82	17.26	49.57	36.90	1：1.71
母羊	29.78	14.70	49.38	37.98	1：1.88

注：屠宰时公羊母羊均为4月龄

表6-6　杜湖杂交羊背最长肌肉品质测定结果

性别	屠宰后不同时间的pH值		亮度	红度	黄度	滴水损失（%）
	45min	24h				
公羊	6.44	5.58	34.02	14.12	5.03	0.09
母羊	6.61	5.54	47.51	5.87	5.21	0.07

注：数据为实验公羊母羊测试所得数据

表6-7　杜湖杂交羊背最长肌肉营养成分测定结果

水分	粗蛋白	粗脂肪	丙氨酸	精氨酸	天冬氨酸	半胱氨酸	谷氨酸	甘氨酸	组氨酸
70.32	23.58	7.82	1.98	1.83	2.59	0.23	4.70	1.40	0.93

亮氨酸	赖氨酸	蛋氨酸	苯丙氨酸	丝氨酸	苏氨酸	酪氨酸	缬氨酸	异亮氨酸
2.35	2.13	0.75	1.40	1.04	1.13	1.46	1.44	1.39

【繁殖性能】

杜湖F_1代母羊初配月龄为8~9月，产羔率为215%，拥有着较好的多胎产羔性状。

【应用状况】

杜泊羊与湖羊杂交产生的F_1代羊，与亲本湖羊相比，体增重、体长、胸围和饲料利用率都比湖羊有显著改善，胴体重、屠宰率、净肉率、骨肉比等肉用指标都较高；与亲本杜泊羊相比，F_1代羊的繁殖力要高出许多，因此其经济效益增加十分明显。同时，杂交羊的优势利用有效改变了湖羊饲养周期长、商品出栏率低、育肥羊肉质量差的现状，开启了肥羔羊生产的规模化、集约化的快速发展道路，初步形成了以江浙原产地为起点，向西北方向发展的一个产业带。

（王锋编写）

第三节　杜泊羊—蒙古羊杂交组合

【组合概要】

杜蒙杂交羊是以杜泊羊为父本，蒙古羊为母本，经杂交培育而成。该羊适应大陆性草原气候和放牧饲养条件，具有抗逆性强、善于游牧、采食能力强、抓膘快、耐严寒、抗御风雪灾害能力强等优点，是目前我国自主培育形成的一个良种肉羊杂交配套系。随着新品种培育工作的进一步深入，杜蒙杂交羊有望成为我国未来的一个优良肉羊新品种。

杜蒙杂交羊（公羊）

杜蒙杂交羊（公羊）

杜蒙杂交羊（群体）

【产地条件】

杜蒙杂交羊主要产于内蒙古四子王旗境内。四子王旗位于内蒙古自治区中部、地理坐标北纬41°10′~43°22′，东经110°20′~113°。东与乌兰察布市察哈尔右翼中旗、察哈尔右翼后旗及锡林郭勒盟苏尼特右旗毗邻，南与乌兰察布市卓资县、呼和浩特市武川县交界，西与包头市达尔罕茂明安联合旗相连，北与蒙古国接壤，国境线全长104km。幅员总面积25 516km²，四子王旗人口21万（2008年），辖4个苏木、2个乡、5个镇、1个牧场。四子王旗地形从南至北由阴山山脉北缘、乌兰察布丘陵和蒙古高原三部分组成。其中山地占4.1%，丘陵占56.1%，高原占39.8%。统观地形趋势东南高而西北低。海拔高度为1 000~2 100m。旗境地处中温带大陆性季风气候区。年平均气温在1~6℃，1月最冷，平均气温自北向南由-14℃递降到-17℃，极端最低气温-39℃；7月最热，平均气温自南向北由16℃递升到24℃，极端最高气温35.7℃。平均无霜期108d，历年平均降水量为110~350mm。四子王旗境内有禾本科、菊科、豆科、藜科、蔷薇科、百合科等野生植物45科225种。

【外貌特征】

杜蒙杂交羊体躯被毛为白色长毛，头部或四肢多为有色毛母羊头清秀，鼻梁平直；公羊头稍宽，鼻梁微隆，无角或有小角，耳小且下垂。颈长短适中体躯长度明显，肩宽，胸宽而深，背腰平宽，臀部较宽四肢细长强健有力，前肢腕关节发达，管骨修长，蹄质坚硬。尾巴较蒙古羊小。

【体重体尺】

杜蒙杂交羊体重体尺测定如表6-8所示。

表6-8　杜蒙杂交羊体重体尺测定

性别	年龄	体重（kg）	体高（cm）	体长（cm）	胸围（cm）
	6月龄	55	53	52	86
公羊	周岁	80	60	63	96
	2岁	120	68	70	112

（续表）

性别	年龄	体重（kg）	体高（cm）	体长（cm）	胸围（cm）
	6月龄	45	48	50	85
母羊	周岁	70	55	61	94
	2岁	80	63	69	102

【产肉性能】

杜蒙杂交羊屠宰性能测定如表6-9所示。

表6-9　杜蒙杂交羊屠宰性能测定

性别	宰前活重（kg）	胴体重（kg）	屠宰率（%）	净肉率（%）	骨肉比
公羊	68.4 ± 6.6	36.6 ± 5.5	53.5	44.6 ± 2.5	1：5.09
母羊	55.5 ± 6.4	29.0 ± 4.1	52.3	43.2 ± 2.1	1：4.77

【繁殖性能】

性成熟早，公羊初配年龄明显较蒙古羊提前，平均产羔率150%以上。无明显季节性。

【应用状况】

肉羊养殖是四子王旗的传统优势产业，本着转变传统畜牧业发展方式，实现高效养殖、稳定提高畜牧业收入的原则，制定出台了《牧区高效生态型肉羊示范基地建设实施方案》《乌兰察布市四子王旗2013—2017年肉羊产业发展规划》，确立了牧区以肉羊为主的畜牧业发展思路，使得肉羊养殖近几年得到了快速发展。2012年全旗肉羊出栏140万只，年末存栏58万只，规模以上养殖户4 000多户，全旗年屠宰加工肉羊100万只以上。

过去主要饲养的是本地的土种蒙古羊，其生产性能与世界养羊业的生产水平存在较大差距。随着国家生态保护力度的加大，从2007年开始探索推广"杜蒙肉羊"生态高效养殖模式，该新品种是以南非杜泊羊为父本、蒙古羊为母本进行经济杂交的商品肉羊，继承了杜泊羊高繁殖率、生长迅速、胴体品质好和蒙古羊的体质结实、适应性强的特点，肉、皮均表现了较优的特征。目前在南部三个苏木镇21个嘎查的1 041个牧户中推广开来，"杜蒙肉羊"改良规模达到了21.3万只，羔羊生产规模将达到18万只，取得了显著的经济、生态和社会效益，真正达到了少养精养、减畜不减收，为国家在四子王旗实施草原生态补奖机制——草畜平衡项目奠定了良好的基础。并初步形成以赛诺羊业公司为龙头，专业养殖户、合作社、合作联社积极参与的新型草原生态畜牧业发展模式，取得了良好经济和生态效益。由于近年来广泛推广了生态养殖模式，在保护草场的同时实现养殖效益的提升，产业规模持续壮大，形成了政府扶持"种子工程"、牧户生产杂交羔羊、企业集中育肥出栏的一条龙产业发展模式。

（王建国编写）

第四节 道赛特羊—小尾寒羊杂交组合

【组合概要】

道赛特羊和小尾寒羊杂交羊（简称"道寒杂交组合"）兼顾了道赛特羊生长速度快、产肉性能好和小尾寒羊繁殖率高的特点，杂交后代较小尾寒羊体格增大，生长发育加快，饲料报酬高，产肉性能增强，适于开展羔羊育肥生产。

道寒杂交羊（公羊）

道寒杂交羊（母羊）

道寒杂交羊（群体）

【生产地条件】

道赛特羊和小尾寒羊杂交生产主要在冀、鲁、豫三省，以河北中南部为主。产区属暖温带季风大陆性气候，夏季炎热，冬季寒冷，四季分明，年平均气温13℃，最高气温40.0℃，最低气温-19.0℃，平均相对湿度60%~70%，无霜期180~210d。产区土壤肥沃，饲草料资源非常丰富。

【外貌特征】

道赛特羊和小尾寒羊杂交一代羊体躯匀称、呈圆筒状，骨骼结实，肌肉发达。耳中等大小、下垂。公羊有角；母羊大多无角。四肢健壮端正，多为长廋尾。公羊睾丸大小适中，发育良好，附睾明显。母羊乳房发育良好，乳头分布均匀、大小适中，泌乳力好。被毛白色，毛股清晰，有花穗。随着杂交代数的增加，体型外貌趋于道赛特羊。

【体重体尺】

道赛特羊和小尾寒羊杂交一代羊体重体尺如表6-10所示。

表6-10　道赛特羊和小尾寒羊杂交一代羊体重体尺测定表

性别	年龄	体重（kg）	体高（cm）	体长（cm）	胸围（cm）
公羊	6月龄	49.1	70.3	72.6	89.4
	周岁	65.0	75.0	79.2	105.5
	2岁	90.2	78.0	84.7	110.4
母羊	6月龄	40.0	60.2	61.5	86.4
	周岁	55.4	70.4	77.1	100.2
	2岁	68.1	77.5	83.1	103.5

【产肉性能】

道赛特羊和小尾寒羊杂交一代羊屠宰性能测定如表6-11所示。

表6-11　道赛特羊和小尾寒羊杂交一代羊屠宰性能测定表

性别	宰前活重（kg）	胴体重（kg）	屠宰率（%）	净肉率（%）	骨肉比
公羊	48.1	24.7	51.4	41.2	1：4.1
母羊	45.2	22.9	50.7	40.8	1：4.1

【繁殖性能】

道赛特羊和小尾寒羊杂交一代羊初产母羊产羔率120%，经产母羊170%。公、母羊初情期均在5~6月龄。公羊初次配种时间为10~12月龄，母羊初次配种时间为8~10月龄。公羊平均每次射精量1.5ml以上，精子活力0.7以上。母羊发情周期17d，妊娠期150d。母羊常年发情。

【杂交生产状况】

道赛特羊和小尾寒羊杂交，杂交一代羊生长发育快，繁殖率高，产肉性能强，饲料报酬高。适宜在小尾寒羊产区进行推广利用。但随着杂交代数的增加，母羊的繁殖率显著下降，建议今后要充分利用道赛特羊和小尾寒羊杂交一代的杂种优势，开展杂交羔羊快速育肥，除育种场外，不提倡进行级进杂交。

（张英杰编写）

第五节　南非肉用美利奴羊—甘肃高山细毛羊杂交组合

【组合概要】

南非肉用美利奴羊—甘肃高山细毛羊杂交组合，旨在保持甘肃高山细毛羊羊毛品质不下降的情况下提高其杂交后代肉用性能，并在此基础上培育适合高寒牧区自然环境的肉毛兼用新品种。该杂交组合以及将来的新品种可以在甘肃天祝县及其他海拔较高、草场较差的细毛羊产区推广。

南非肉用美利奴羊—甘肃高山细毛羊杂交组合

【产地条件】

南非肉用美利奴羊—甘肃高山细毛羊杂交组合主要分布在甘肃省天祝县和肃南县。地处青藏高原、黄土高原和内蒙古高原的交汇地带，属青藏高原东北边缘，海拔为2 040~4 874m。地貌以山地为主，山脉纵横，沟谷交错，多崇山峻岭。以境中部的乌鞘岭横为界，岭南属大陆性高原季风气候，岭北属温带大陆性半干旱气候，年均气温-8~4℃，气候带的垂直分布十分明显。日照时数年均2 500~2 700h，相对无霜期90~145d，年均降水量265~632mm，蒸发量1 600mm。

【外貌特征】

南非肉用美利奴羊—甘肃高山细毛羊杂交组合羊头长，额宽而平，眼大有神，公、母羊无角，颈长短适中；体格较大，体质结实，体躯结构匀称，胸阔深，背平直，前胸丰满，肋骨拱圆、开张良好，后躯丰满，腹部与胸底部呈平直状；蹄质致密，四肢结实、端正有力；全身白色，被毛纯白同质，闭合性良好，密度中等以上，体躯毛和腹毛均呈毛丛结构。

【生产性能指标】

南非肉用美利奴羊—甘肃高山细毛羊杂交组合体重测定如表6-12所示，纤维品质测定如表6-13所示。

表6-12　南非肉用美利奴羊—甘肃高山细毛羊杂交组合体重测定表

群体	性别	初生重（kg）	1月龄（kg）	3月龄（kg）	6月龄（kg）	周岁（kg）
南甘F₁	♂	4.54 ± 0.75	7.89 ± 1.94	27.21 ± 4.31	31.89 ± 6.47	44.55 ± 5.03
	♀	4.13 ± 0.53	7.49 ± 1.31	26.82 ± 4.26	28.20 ± 5.44	39.34 ± 4.77
甘细	♂	3.61 ± 0.31	7.40 ± 1.96	23.38 ± 3.04	27.11 ± 4.55	36.75 ± 5.12
	♀	3.38 ± 0.23	6.41 ± 0.74	21.89 ± 2.88	25.15 ± 4.37	32.31 ± 4.32

注：引自李发弟课题组（2014）测定数据

表6-13　南非肉用美利奴羊—甘肃高山细毛羊杂交组合羊毛纤维品质测定结果

群体	自然长度（cm）	伸直长度（cm）	伸直率（%）	卷曲弹性（JD）	强度（cN/dT）	细度（μm）
南甘F₁♂	12.05 ± 1.39	14.61 ± 1.71	21.33 ± 3.58	9.76 ± 4.96	13.81 ± 6.52	25.65 ± 4.27
南甘F₁♀	9.70 ± 1.32	12.02 ± 1.43	24.30 ± 5.37	8.79 ± 3.80	12.47 ± 4.31	25.42 ± 3.50
对照组	9.78 ± 1.77	11.71 ± 1.86	21.94 ± 4.70	9.68 ± 4.99	16.37 ± 8.00	25.88 ± 6.12

注：引自李发弟课题组（2014）测定数据

【产肉性能】

南甘和甘细6月龄屠宰性能如表6-14所示。

表6-14　南甘和甘细6月龄屠宰性能

群体	宰前活重（kg）	胴体重（kg）	屠宰率（%）	眼肌面积（cm²）	GR值（mm）
南甘♂	30.76 ± 1.77	15.39 ± 0.98	50.09 ± 2.34	1.70 ± 0.84	12.52 ± 4.14
南甘♀	27.29 ± 0.97	13.62 ± 0.91	50.00 ± 1.95	1.74 ± 0.46	10.19 ± 0.23
甘细♂	21.60 ± 0.97	10.56 ± 0.53	48.88 ± 0.77	0.98 ± 0.26	10.15 ± 3.51
甘细♀	21.83 ± 3.46	10.82 ± 1.65	49.59 ± 0.90	1.30 ± 0.29	9.94 ± 1.53

注：引自李发弟课题组（2014）测定数据

【应用状况】

天祝县和肃南县是甘肃高山毛肉兼用细毛羊的产区，目前饲养量分别达98.58万只和122.95万只，加上周边地区的饲养量，细毛羊基础母羊接近100万只，其中天祝县有细毛羊基础母羊32.77万只。近年来由于羊毛生产比较效益下降和对选育重视不够，除核心育种区肃南县皇城区外，其他区域特别是天祝县的甘肃高山毛肉兼用细毛羊个体变小、肉毛生产性能下降。由于该地区海拔高、气候寒冷和草场差，引入专门化肉羊品种难以适应，饲养甘肃高山毛肉兼用细毛羊效益差。因此，李发弟教授课题组引入南非肉用美利奴羊开展与甘肃高山细毛羊杂交试验，累计生产杂种羔羊10.04万只，测定了其屠宰性能和羊毛品质，研究确定杂种一代异地育肥适宜用0.8倍的NRC营养水平，在此基础上培育适合高寒牧区自然环境的肉毛兼用新品种——天祝肉用美利奴是一条适合该区域羊产业发展并得到广泛认同的路子。该杂交组合以及将来的新品种可在甘肃天祝县及其他海拔较高、草场较差的细毛羊产区推广。

（李发弟，马友记编写）

第六节　南非肉用美利奴羊—东北细毛羊杂交组合

【组合概要】

南非肉用美利奴羊—东北细毛羊杂交代，显著提高了东北细毛羊肉用性能，同时具有本地适应性强、生长快的特点，达到保毛增肉的目标；具有抗逆性强、耐粗饲、生长快、产肉性能好、毛质好的优点。缺点是繁殖率较低。

南非美利奴羊—东北细毛羊杂交后代（公羊）　南非美利奴羊—东北细毛羊杂交后代（母羊）

南非美利奴羊—东北细毛羊杂交后代（群体）

【产地条件】

南非肉用美利奴原产于南非，是在原德国美利奴羊基础上，以体形、毛质为提高目标进行强度选择形成的肉毛兼用羊品种。东北细毛羊是我国在20世纪70年代自主育成的地方品种，主要分布于黑、吉、辽东北三省，该品种具有抗逆性强、耐粗饲、毛质好的特点，曾为我国细毛羊产业做出较大贡献。2004年以后，从澳大利亚引入南非肉用美利奴进行杂交，进一步在体形、毛质、羔羊早期发育能力等方面进行提高，取得较好进展。

目前主要该杂交模式分布于黑、吉、辽原东北细毛羊商品群产区以及内蒙古东部的通辽、乌兰浩特等旗县，中心产区位于吉林省双辽市、黑龙江齐齐哈尔市与大庆市等地，介于东经121°11′~135°05′，北纬38°26′~53°33′，自南向北跨中温带与寒温带，属温带季风气候，四季分明，夏季温热多雨，冬季寒冷干燥。自东南而西北，年降水量1 000~3 000mm，从湿润区、半湿润区过渡到半干旱区。森林、植被均覆盖率较高，亦是我国主要商品粮产区，饲料资源丰富，同时西部地区处于农牧交错带，草场资源丰富。

【外貌特征】

该羊公、母羊主体均无角，杂一代部分公羊有角，头毛着生在两眼连线以上，眼大、目灵活、耳中等大小、不下垂，鼻梁平直，脸部不着生白刺毛，前肢腕关节和后肢附关节以下不着生细毛，颈部及体躯皆无皱褶；体格硕大，体躯呈长圆桶型，胸宽深，肋拱圆，背腰宽而平直，后躯发育良好，肌肉丰满，四肢健壮；被毛白色，覆盖良好，毛密而长，弯曲明显。体现了肉毛完美的结合。

【体重体尺】

南非肉用美利奴羊—东北细毛羊杂交羊体重体尺测定如表6-15所示。

表6-15　南非肉用美利奴羊—东北细毛羊杂交羊体重体尺

性别	年龄	体重（kg）	体高（cm）	体长（cm）	胸围（cm）
公羊	2岁	102 ± 3.2	73 ± 2.6	79 ± 2.4	119 ± 2.1
母羊	2岁	80 ± 2.7	65 ± 2.1	74 ± 2.2	102 ± 2.8

【产肉性能】

南非肉用美利奴羊—东北细毛羊杂交羊产肉性能如表6-16所示。

表6-16 南非肉用美利奴羊—东北细毛羊杂交羊产肉性能表

性别	宰前活（kg）	胴体重（kg）	屠宰率（%）	净肉率（%）	骨肉比
公羊（8月龄）	52.30±6.62	24.68±3.16	47.19±1.38	37.38±1.95	1:（4.65±0.46）

【繁殖性能】

初产母羊产羔率130%以上，经产母羊140%以上。公、母羊初情期在8~9月龄。公羊初次配种时间为10~11月龄，母羊初次配种时间为8.5~11月龄。公羊平均每次射精量1.0ml以上，精子密度20亿以上，精子活力0.75以上。母羊发情周期15~17d，妊娠期145d。在舍饲中等营养水平条件下，母羊非季节性常年发情，无固定产羔季节，产后最早发情时间为26d，可实行一年两产或二年三产的高频繁殖；在放牧情况下，季节发情较明显，集中在7~10月发情，以一年一产为主。

【应用状况】

该杂交模式应用于原东北细毛羊商品群产区，可以达到保毛增肉的杂交效果。试验数据显示，南细杂一代羔羊平均初生重（4.0±0.3）kg，断乳重（18.8±1.2）kg，哺乳期平均日增重（173.9±11.2）g。6月龄育肥羔羊平均出栏重（42.6±1.5）kg，育肥期平均日增重（230.7±12.1）g。6月龄屠宰，平均屠宰前体重（42.5±1.2）kg，平均屠宰率、胴体净肉率，分别比同群东北细毛羊高3%~5%。

目前该杂交在黑龙江、吉林、辽宁等省广泛利用，为该地区羊肉增产起到重要作用。

（金海国编写）

第七节　夏洛莱羊—小尾寒羊杂交组合

【组合概要】

夏洛莱公羊与小尾寒羊母羊进行二元经济杂交或级进杂交生产出的杂交羊，其生产性能与小尾寒羊相比显著提高，父本效应非常明显，夏寒杂交羊具有增重速度快、抗逆性强、耐粗饲、采食能力强等优点，同时并具有较高的繁殖率。因为夏洛莱羊脸呈粉色或灰色，小尾寒羊有粗毛型、裘皮型和细毛型之分，不同面色的夏洛莱羊与不同毛型的小尾寒羊杂交后代的显性型有很大的差异。

夏洛莱羊—小尾寒羊杂交后代（公羊）

夏洛莱羊—小尾寒羊杂交后代（母羊）

夏洛莱羊—小尾寒羊杂交后代（群体）

【产地条件】

由于夏洛莱羊引进后是在辽宁朝阳首次驯化成功，故夏洛莱的杂交利用也以朝阳及朝阳周边地区最先开始，数量也最多，为夏寒杂交羊的主产区。朝阳位于辽、冀、蒙三省交界处，是传统的农牧交错带，有着多年的养羊历史。该区域海拔500m左右，属于北温带大陆性季风气候区，尽管东南部受海洋暖湿气影响，但由于北部蒙古高原的干燥冷空气经常侵入，使之四季分明，雨热同季，日照充足，日温差较大，降水偏少。全年平均气温5.4~8.7℃；年均日照时数2 850~2 950h；年降水量450~580mm；无霜期120~155d。春秋两季多风易旱，风力一般2~3级，冬季盛行西北风，风力较强。产区内玉米、花生、绿豆等农作物产量较大，饲草资源非常丰富。

【外貌特征】

夏寒F_1代羊的体型外貌：体躯较长，四肢及背部肌肉附着明显多于小尾寒羊。公羊多数有角（92%），母羊无角，有的有明显的角基。耳朵接近于小尾寒羊，但比寒羊略小。头部和四肢下部有褐色的斑点和短毛，颜色与头部相同，背毛呈白色，间有多量的粗毛。尾呈长条形，多数位于飞节以下，尾根部略宽扁。从整体体型和头型上看略偏向于小尾寒羊。

夏寒F_2代羊的体型外貌：公羊多数无角（87%）。头部和四肢下部有淡褐色的斑点和短刺毛，约有12%的羊接近于纯种羊的净脸和净腿。额宽，眼大而有神，耳直立，颜色与头部相同。公母羊从外型上接近于夏洛莱的纯种羊。

夏寒F_3代羊的体型外貌：公母羊绝大多数无角（97%），多数与纯种夏洛莱羊非常接近，但被毛仍间杂着极少量的粗毛。

【体重体尺】

夏寒杂交羊体重体尺测定如表6-17所示。

表6-17 夏寒杂交羊体重体尺测定表

性别	年龄	体重（kg）	体高（cm）	体长（cm）	胸围（cm）
公羊	6月龄	50.89	69.51	82.34	92.51

（续表）

性别	年龄	体重（kg）	体高（cm）	体长（cm）	胸围（cm）
公羊	周岁	81.31	78.00	91.11	107.01
	2岁	110.57	82.50	96.51	118.52
母羊	6月龄	44.12	64.00	76.12	85.52
	周岁	60.13	69.12	80.01	89.78
	2岁	75.32	74.11	89.52	103.21

注：数据源于朝阳市朝牧种畜场多年积累

【产肉性能】

夏寒杂交羊屠宰性能测定如表6-18所示。

表6-18　夏寒杂交羊屠宰性能测定表

性别	宰前活重（kg）	胴体重（kg）	屠宰率（%）	净肉率（%）	骨肉比
公羊	47.90	23.00	48.00	41.00	1：5.37
母羊	48.22	22.64	46.95	40.00	1：5.21

注：数据源于王国春等所著《肉羊杂交组合优化模式研究》

【繁殖性能】

夏寒杂交羊F_1代平均产羔率在214%左右，最高可达242%。母羊的初情期为6月龄，公羊的初期为7~9月龄；母羊的初配年龄在9月龄左右，公羊的初配年龄在10月龄。公羊平均一次射精量在1.2ml左右，精子数量在25×10^9个左右，精子活力在0.7以上。夏寒杂交母羊发期周期为17~19d，平均为17~18d。妊娠期平均147~148d。母羊常年发情，春、秋季较为集中。

【应用状况】

夏洛莱羊自经过风土驯化后，随即与当地的羊进行了杂交生产，杂交羊生产性能显著提高，体现出了夏洛莱羊优良的父本性能。朝阳市朝牧种畜场以夏洛莱羊F_1为父本，小尾寒羊为母本，利用夏洛莱羊肉用性能好和小尾寒羊繁殖率高的种质特性，经杂交改良、横交固定、继代选育与繁殖，培育出的适合生产优质高档羊肉的多胎品系，且具有耐粗饲、抗病、适合农区舍饲圈养等特点。通过连续几年的培育与繁殖，建立了以辽宁省朝阳市朝牧种畜场为核心，以辽宁朝阳为中心的养殖和生产的繁育体系，朝阳市及周边地区现存夏寒杂交羊约10万只。

自2008年以来由于肉羊市场的高企，广大养羊户对夏寒杂交表现出广泛的认可和前所未有的养殖热情，同时夏寒杂交羊也深受众多加工企业青睐，在北方地区重现了"夏洛莱热"的场景。为了更好地发挥夏寒杂交羊的生产性能优势，朝阳市朝牧种畜场对夏寒杂交羊进行深入的研究，确定了不同面色夏洛莱羊与不同类型小尾寒羊的杂交组合，并应用不同代次的夏寒杂交羊导入其他肉羊品种进行多元杂交实验，积累了大量的杂交生产经验，有助于开展区域内夏洛莱羊与小尾寒羊杂交生产的指导工作。

（王国春编写）

参考文献

（苏）A•A威尼阿明诺夫.1989.世界绵羊品种[M].（第二版）.李志农译.北京：
　　农业出版社.

阿德力，阿依古丽，陈卫国.2009.哈萨克羊品种资源及利用建议[J].新疆畜牧业
　　（1）：48-49.

巴图，敖登格日勒，高文渊，等.2008.杜泊羊与蒙古羊杂交羔羊和蒙古羊羔羊的
　　生长发育及其产肉性能对比试验[J].畜牧与饲料科学，03：47-48.

毕力格巴特尔，辛满喜，巴达玛，等.2014.察哈尔羊生长发育规律研究[J].中国
　　草食动物科学，34（2）：12-14.

蔡泉.2008.济宁青山羊品种资源调查[J].中国草食动物，28（6）：64.

陈伟生.2006.中国家畜地方品种资源图谱（下）[M].北京：中国农业出版社.

程朝友，杨德文，付正仙，等.2012.波尔山羊与贵州黑山羊杂交的改良效果[J].
　　贵州农业科学，07：139-141.

储明星，等.1999.小尾寒羊种质特性的研究进展[J].中国草食动物，1（3）：38-41.

楚晓，崔萍，陈莉萍，等.2014.南非肉用美利奴与甘肃高山细毛羊的杂交一代羊
　　毛品质分析[J].中国草食动物科学，34（6）：13-14.

达文政，李颖康.2003.国外优质肉用种羊品种及饲养技术[M].北京：中国农业出
　　版社.

丁国梁.2014.草原增绿、牧民增收——内蒙古四子王旗"杜蒙肉羊"生态高效养殖
　　模式初步分析[J].饲料广角（11）：20-21.

范必勤.2002.肉用多珀绵羊的选育和发展利用[J].江苏农业科学，03：59-60.

付锡三，彭俊.2009.乐至黑山羊[M].成都：四川科学技术出版社.

戈新，王建华，赵金山，等.2007.无角陶赛特羊和特克塞尔羊对青岛地区适应性的研究[J].家畜生态学报，28（4）：65-69.

耿岩.2008.巴音布鲁克羊的起源和系统地位研究[D].扬州：扬州大学.

龚华斌.2008.简阳大耳羊品种选育与示范应用研究[M].成都：四川大学出版社.

郭洪杞，罗杰.2006.南江黄羊与贵州白山羊杂交改良试验[J].江苏农业科学，03：134-136.

胡大君，常磊.2013.昭乌达肉羊科学养殖技术手册[M].赤峰：内蒙古科学技术出版社.

胡钟仁，谢萍，洪琼花，等.2012.云南黑山羊新品系羊肉品种特性的研究[J].云南畜牧兽医（1）：24-27.

黄华榕，刘桂琼，姜勋平，等.2014.杜泊羊与湖羊的杂交效果[J].中国草食动物科学（S1）：160-162.

贾琦珍，杨菊清，等.2012.特克斯县哈萨克羊品种资源概况[J].新疆畜牧业（1）：23-26.

姜会民.2013.鲁西南地区青山羊生产性能和繁殖性能研究[J].安徽农业科学，41（15）：6 719-6 720，6 734.

蒋英，陶雍.1988.中国山羊[M].西安：陕西科学技术出版社.

兰山，王子玉，王学琼，等.2015.不同月龄杜湖杂交F_1代母羔生产性能测定和肉质分析[J].畜牧与兽医，08：5-8.

李红光，刘权，冯秀丽.2012."杜蒙"杂交羔羊生产性能测定试验报告[J].当代畜牧（12）：40-41.

李晓锋，陈明新，黄倜慎，等.2003.麻城黑山羊主要生产性能观测[J].中国草食动物，S1：81-83.

李延春.2003.夏洛莱羊养殖与杂交利用[M].北京：金盾出版社.

李呈辉，常伟，梁育林，等.2014.高寒牧区引入南非肉用美利奴羊与甘肃高山细毛羊杂交效果的观察[J].中国草食动物科学，33（4）：80-81.

梁富武.2010.乌珠穆沁羊的选育攻关[J].中国牧业通讯，17：43-44.

刘臣华，鲁修琼.2006.湖北马头山羊的保种与开发利用[J].中国草食动物，1：23-25.

罗毅敏.2012.体重对杜蒙杂交一代羊的屠宰性能及肉品质的影响[D].呼和浩特：内蒙古农业大学.

吕效吾.1984.山西省家畜家禽品种志[M].上海：华东师范大学出版社.

马惠海，赵玉民，金海国，等.2011.东北细毛羊肉用类型群性能测定[J].吉林农业大学学报，33（2）：211-212.

马黎明，马海青.2010.青海省祁连县白藏羊生产现状与前景分析[J].养殖与饲料（1）：62-65.

马友记，王宝义，李发弟，等.2012.不同营养水平全混合日粮对舍饲育肥羔羊生产性能、养分表观消化率和屠宰性能的影响[J].草业学报（04）：252-258.

马桢，郝耿，杨会国，等.2012.阿勒泰羊品种资源现状及发展思路[J].草食家畜，155（2）：10-15.

毛华明，邓卫东，孙守荣，等.2015.云南乌骨绵羊的发现及其特征性状的研究[J].云南农业大学学报，20（1）：89-94.

聂海涛，王子玉，应诗家，等.2012.采食量水平对杜湖F_1代羊肉品质的影响[J].江苏农业科学，01：179-181.

祁玉香，余忠祥.2006.欧拉型藏羊[J].中国草食动物，4：62.

青藏高寒草原区/农业部畜牧业司，国家牧草产业技术体系.2012.现代草原畜牧业生产技术手册[M].北京：中国农业出版社.

荣威恒，张子军.2014.中国肉用型羊[M].北京：中国农业出版社.

桑布.1998.苏尼特羊[J].当代畜禽养殖业，07：19-20.

山东省畜牧局.1999.山东省畜禽品种志[M].深圳：深圳海天出版社.

苏德斯琴，毕力格巴特尔，等.2014.苏尼特羊育成羊屠宰性能研究[J].畜牧与饲料科学，35（3）：20-22.

苏德斯琴，毕力格巴特尔，辛满喜，等.2014.察哈尔羊肉用性能和肉质特性研究

[J].中国草食动物科学，34（1）：11-16.

苏德斯琴，毕力格巴特尔，辛满喜，等.2015.察哈尔羊繁殖规律研究[J].中国草
食动物科学，35（5）：13-16.

孙伟.2006.中亚以东南不同生态型绵羊品种群体遗传学的研究[D].扬州：扬州
大学.

孙伟.2014.湖羊养殖技术指导[M].北京：中国农业出版社.

索效军，陈明新，张年，等.2010.麻城黑山羊的种质和适应性研究[J].家畜生态
学报，31（2）：25-28.

索效军，陈明新，张年，等.2010.麻城黑山羊的种质特性[J].江苏农业科学，
01：207-209.

童子保，徐惊涛，罗晓林，等.2006.陶赛特羊和特克赛尔羊在青海湟源地区的生
长发育测定分析[J].青海畜牧兽医杂志，36（4）：22-23.

涂友仁.1985.内蒙古家畜家禽品种志[M].呼和浩特：内蒙古人民出版社.

完马单智，诺科加，完么才郎，等.2012.青海省天峻县高原型藏羊种质特性[J].
畜牧与兽医，44（3）：53-55.

万红莲.2009.渭北旱塬麟游县近半个世纪气候变化趋势分析[J].江西农业学报
（9）：166-168.

王大愚，赵有璋.2007.白萨福克羔羊和特克塞尔羔羊早期生长发育的比较研究
[J].中国草食动物，27（5）：27-29.

王金文，崔绪奎，王德芹，等.2011.鲁西黑头肉羊多胎品系培育[J].中国草食动
物（1）：13-17.

王金文，崔绪奎，王德芹，等.2012.鲁西黑头肉羊与小尾寒羊肉质性状的比较研
究[J].家畜生态学报（33）：52-56.

王金文，崔绪奎，张果平.2009.杜泊羊与小尾寒羊杂种优势利用研究[J].山东农
业科学，1：103-106.

王金文，崔绪奎.2013.肉羊健康养殖技术[M].北京：中国农业科学技术出版社.

王金文.2010.小尾寒羊种质特性与利用[M].北京：中国农业大学出版社.

王可，蔡中峰，等，2013.山东省济宁青山羊种质资源调查与分析报告[J].江苏农业科学，41（7）：215-217.

王维春，邓泽高，熊朝瑞，等.2001.南江黄羊育种的成就与进展[M].南江：中共南江县统战部、南江县畜牧食品局.

王伟.2007.湖羊种质资源的保护和开发利用[D].苏州：苏州大学.

王新法，王一平，许雄伟，等.2012."杜湖杂交优势利用"技术研究与示范推广[J].畜牧与饲料科学，07：88-90.

王学琼.2013.采食量水平对两个年龄段杜湖杂交F_1代母羊育肥效果与肉品质的影响[D].南京：南京农业大学.

王元兴，王诚，汪兴生，等.1999.湖羊高繁殖力选育效果[J].中国草食动物，02：10-11.

魏彩虹，路国彬，孙丹，等.2010.无角道赛特、特克塞尔和小尾寒羊夏季生长发育性能的比较分析[J].中国畜牧兽医，37（12）：120-123.

魏景钰，胡大君，隔日勒图雅.2013.昭乌达肉羊新品种简介[J].中国畜牧兽医文摘，29（8）：39-40.

吴卫东，张亚民.2011.菏泽市青山羊产业发展中存在的问题及建议[J].养殖技术顾问（12）：253.

武和平，周占琴，陈小强，等.2007.波尔山羊的繁殖特性观察[J].西北农业学报（3）：47-50.

武和平，周占琴，陈小强.1998.波尔山羊生长发育特性的研究[J].甘肃农业大学学报（4）：340-344.

向泽宇，王长庭.2011.青藏高原藏羊遗传资源的现状、存在问题及对策[J].中国畜牧兽医文摘，27（2）：1-4.

肖礼华，史忠辉，曾琼，等.2014.利用MBLUP法选育黔北麻羊[J].草食家畜（2）：24-25.

谢光跃，刘桂琼，姜勋平，等.2014.乌骨山羊皮肤黑色素细胞的分布及特征[J].华中农业大学学报，02：83-88.

《新疆家畜家禽品种志》编写委员会. 1988. 新疆家畜家禽品种志[M]. 乌鲁木齐: 新疆人民出版社.

徐方正, 姜勋平, 刘桂琼, 等. 2015. 乌骨山羊肌肉组织中黑色素来源分析[J]. 中国畜牧杂志, 51 (11): 10-13.

徐刚毅. 1990. 英国奴比山羊在四川的适应性[J]. 中国养羊 (2): 8-10.

徐建忠, 吴承智, 周建业, 等. 2004. 波尔山羊与黔北麻羊杂交效果初报[J]. 贵州畜牧兽医, 05: 7-8.

徐立德. 1984. 雷州山羊的调查[J]. 广东农业科学, 6: 38-40.

许腾. 2011. 鲁西南地区青山羊种植资源调查于分析[J]. 中国畜牧兽医, 38 (1): 148-151.

闫秋良, 金海国, 赵玉民, 等. 2013. 不同杂交组合育肥羔羊生长、屠宰性能和肉品质的研究[J]. 云南农业大学学报 (自然科学版), 28 (1): 69-70.

闫忠心, 靳义超, 白海涛, 等. 2015. 本品种选育对高原型藏羊体尺及生产性能的影响[J]. 黑龙江畜牧兽医 (5): 59-60.

杨利国, 陈世林, 张左林, 等. 2004. 湖北马头山羊[J]. 中国草食动物, 1: 111-113.

杨利国, 张作仁, 陈世林, 等. 2004. 鄂西北马头山羊繁殖性能分析[J]. 中国草食动物, 4: 35-38.

杨太根, 杨祖林, 宋俊敏, 等. 2010. 波尔山羊、努比山羊、马头山羊三元杂交试验报告[J]. 湖北畜牧兽医, 2: 8-9, 12.

姚新荣, 黄毓兰, 寸金全, 等. 2006. 努比山羊与云岭黑山羊的杂交改良效果[J]. 中国草食动物, 26 (2): 21-22.

于大新, 等. 1989. 新疆家畜家禽品种志[M]. 乌鲁木齐: 新疆人民出版社.

于跃武, 等. 2005. 萨福克与哈萨克羊、小尾寒羊的杂交生产性能测定[J]. 畜牧兽医杂志 (4): 19-21.

余忠祥, 阎明毅, 雷良煜, 等. 2011. 欧拉羊饲养管理技术规范[J]. 青海畜牧兽医杂志, 41 (3): 50.

余忠祥. 2009. 青海省河南县欧拉羊品种资源调查及研究报告[J]. 畜牧与饲料科学，30（10）：120-123.

袁跃云，孙利民. 2015. 云南省畜禽遗传资源志[M]. 昆明：云南科技出版社.

翟岁显，马龙. 1990. 刍议雷州山羊的开发[J]. 湛江海洋大学学报，2：54-57.

张腾龙，姜勋平，李先喜，等. 2012. 乌骨山羊生活习性与行为的初步研究[J]. 中国草食动物科学，03：36-38.

张英杰. 2015. 羊生产学[M]. 北京：中国农业大学出版社.

张勇，尚华欣，陈晓峰，等. 2014. 杜泊羊与小尾寒羊杂交后代屠宰性能和肉品质的研究[J]. 现代畜牧兽医，01：5-9.

张作仁，吴惠珍，熊金洲，等. 2004. 马头山羊生长发育特性的调查研究[J]. 湖北畜牧兽医，3：25-27.

赵勤涛，刘桂琼，姜勋平，等. 2015. 湖北乌羊与3个地缘邻近山羊品种间的遗传趋异性研究[J]. 农业生物技术学报，04：521-529.

赵晓程. 2014. 南非肉用美利奴羊与甘肃高山细毛羊杂交效果研究[D]. 兰州：甘肃农业大学.

赵有璋. 2005. 现代中国养羊 [M]. 北京：金盾出版社.

赵有璋，等. 2011. 羊生产学[M].（第三版）. 北京：中国农业出版社.

赵有璋. 2013. 中国养羊学[M]. 北京：中国农业出版社.

郑胜华. 2009. 世界经济地理[M]. 杭州：浙江大学出版社.

中华人民共和国国家质量监督检验检疫总局，中国国家标准化委员会. 2011. 呼伦贝尔羊：GB/T26613-2011[S]. 北京：中国标准出版社.

中华人民共和国国家质量监督检验检疫总局. 2006. 中国国家标准化管理委员会，湖羊：GB 4631-2006[S]. 北京：中国标准出版社.

中华人民共和国农业部. 2010. 阿勒泰羊：NY/T1816-2009[S]. 北京：中国农业出版社.

周占琴. 1993. 良种肉用羊—波尔山羊简介[J]. 草食家畜（3）：6.

周正度. 1980. 苏州地区的气候资源与双三制[J]. 江苏农业科学，06：31-32，30.

Clop A, Marcq F, Takeda H, et al. 2006. A mutation creating a potential illegitimate microRNA target site in the myostatin gene affects muscularity in sheep[J]. *Nature Genetics*, 38（7）：813-818.

Freking B, Leymaster K.2004. Evaluation of Dorset, Finnsheep, Romanov, Texel, and Montadale breeds of sheep: IV. Survival, growth, and carcass traits of F lambs[J]. *Journal of Animal Science*, 82（11）：3 144-3 153.

Guiqiong Liu，Shengmin Liu，Xunping Jiang*，et al. 2015. Black-bone goat: An investigation report on new genetic resource of farm animal[J]. *African Journal Agricultural Reserch*，10（14）：1 714-1 718.

Laville E, Bouix J, Sayd T, et al. 2004. Effects of a quantitative trait locus for muscle hypertrophy from Belgian Texel sheep on carcass conformation and muscularity[J]. *Journal of Animal Science*, 82（11）：3 128-3 137.

Lauvergne J, Hoogschagen P. 1978. Genetic formulas for the colour in the Texel, the Dutch and the Zwartbles sheep in the Netherlands[J]. *Ann Genet Sel Anim*, 10（3）：343-351.

Štolc L, Ptáček M, Stádník L, et al. 2014. Effect of selected factors on basic reproduction, growth and carcass traits and meat production in Texel sheep[J]. *Acta Universitatis Agriculturae et Silviculturae Mendelianae Brunensis*, 59（5）：247-252.